全国高职高专石油化工类专业"十二五"规划教材

编审委员会

全国高职高专石油化工类专业"十二五"规划教材

有机化学实验技术

索陇宁　主编

化学工业出版社

·北京·

本书是《有机化学》的配套实验，编写中结合近几年对石油化工技术类专业人才培养方案改革的要求，从培养技术应用型、技能型和服务型人才的需要出发，对课程体系和教学内容进行了适当调整，注重实践技能的培养，是一本主要培养有机化学实验基本操作技能和综合应用能力的实验教材。内容包括有机化学实验的一般知识、有机化学实验基本操作技术、有机化合物基本分离技术、有机化合物的制备技术、综合实训。

本教材主要作为高职高专院校石油化工生产技术专业和炼油技术专业的教学用书，同时也适用于工业分析与检测、有机化工、煤化工、高聚物、精细化工等相关专业教学使用。

图书在版编目（CIP）数据

有机化学实验技术/索陇宁主编 . —北京：化学工业出版社，2012.8（2019.2 重印）
全国高职高专石油化工类专业"十二五"规划教材
ISBN 978-7-122-14991-6

Ⅰ. 有⋯ Ⅱ. 索⋯ Ⅲ. 有机化学-化学实验-高等职业教育-教材 Ⅳ. O62-33

中国版本图书馆 CIP 数据核字（2012）第 172958 号

责任编辑：张双进 窦 臻　　　　　　文字编辑：孙凤英
责任校对：王素芹　　　　　　　　　　装帧设计：王晓宇

出版发行：化学工业出版社（北京市东城区青年湖南街 13 号　邮政编码 100011）
印　　刷：北京市振南印刷有限责任公司
装　　订：北京国马印刷厂
787mm×1092mm　1/16　印张 8¾　字数 211 千字　2019 年 2 月北京第 1 版第 5 次印刷

购书咨询：010-64518888　　　　　　　　售后服务：010-64518899
网　　址：http://www.cip.com.cn
凡购买本书，如有缺损质量问题，本社销售中心负责调换。

定　　价：19.00 元

前　言

《有机化学实验技术》是根据教育部高职高专化工技术类专业教学指导委员会、中国化工教育协会全国化工高等职业教育教学指导委员会、化学工业出版社审定的全国高职高专石油化工类专业"十二五"规划教材之一。

针对高职高专培养生产、管理、服务一线专科层次的高素质技能型专门人才的目标，本书结合近几年对石油化工类专业人才培养方案改革的要求，从培养技术应用型、技能型和服务型人才的需要出发，对课程体系和教学内容进行了适当调整，注重实践技能的培养，是一本主要培养有机化学实验基本操作技能和综合应用能力的实验教材。

本书内容包括有机化学实验的一般知识、有机化学实验基本操作技术、有机化合物基本分离技术、有机化合物制备技术、综合实训及附录。在保留经典的重要实验内容并吸收同类教材优点的同时，本书还具有下述特点。

1. 注重基础。全书立足于加强基本实验技术操作及基础训练，对重要的基本操作单独安排训练，并在后续实验中加以运用和巩固。

2. 增加教材的实用性。设计了一些具有知识性、趣味性、实用性的实验内容。使实验内容贴近生产、生活和科研实际。剔除陈旧、过时、重复性差和一般实验室难以进行的实验内容。

3. 物质的分离和制备技术列有多种分离和制备方法，并对常用的实验装置从装置特点、操作要点及应用等方面进行阐述，可以大大拓宽读者的思路，启迪创新思想。通过具体实验把握制备反应的设计思路，掌握主要反应物投料摩尔比、反应介质、反应温度及反应时间。掌握反应混合物分离的原理与方法。供学生和各校选择使用。

4. 综合实训模块提供了两个项目，主要针对学过的实验技能进行综合训练，同时考核对实验技能的掌握情况以及实验设计能力。

5. 为了规避实验风险，保护实验者的健康与安全，保障实验安全顺利地进行，各实验均设有安全提示，以警示实验中存在的危险性。

本教材由兰州石化职业技术学院索陇宁任主编，并编写第 2、3、4、5 章，兰州石化职业技术学院苏晓云编写第 1 章和附录。全书由索陇宁统稿，并负责拟定编写提纲及最后的修改定稿工作。

本书在编写过程中得到了化学工业出版社和笔者所在学校的大力支持。在编写过程中编者参考了一些教材，借鉴了许多专家学者的研究成果。在此，对这些专家学者表示衷心的感谢和崇高的敬意。

本教材主要作为高职高专院校石油化工生产技术专业和炼油技术专业的教学用书，同时也适用于工业分析与检测、有机化工、煤化工、高聚物、精细化工等相关专业教学使用。

高职教育发展速度很快，教学改革也在不断深化，本教材的编写我们尽了自己的最大努力，但限于水平，疏漏之处在所难免，恳请专家及使用本教材的师生提出宝贵意见。

编　者

2012 年 6 月

目　　录

第1章 有机化学实验的一般知识

有机化学实验是有机化学学科的基础，是学习有机化学的一个重要部分。有机化学实验的目的是适应当前高等职业教育人才培养的要求，进行科学素质、知识能力和创新精神的培养。有机化学实验教学的基本任务如下。

① 通过基本实验的严格训练，使学生掌握有机化学实验的基本技术、基本操作和基本技能，正确地进行有机物的制备、分离及天然有机物的提取、分离，培养学生严肃认真、实事求是的科学态度和良好的实验作风与习惯。

② 通过综合性、设计性实验，培养学生查阅文献的能力，分析问题和解决问题的能力，为相关后续课程的学习打下良好的基础。

本章主要介绍有机化学实验的一般知识，包括实验室规则、实验室安全知识、实验室常用的仪器和装置以及如何做好实验预习、实验记录和写好实验报告等。这些内容是学生必须掌握的有机化学实验的基本知识，在进行有机化学实验之前，要认真学习和深入领会这部分内容。

1.1 有机化学实验室规则

为了保证有机实验课正常、有效、安全地进行，保证实验课的教学质量，学生必须遵守下列实验室规则。

① 实验前应做好一切准备工作，如复习教材中有关的章节，预习实验指导书等，做到心中有数，防止实验时边看边做，降低实验效果。还要充分考虑防止事故的发生和事故发生后所采取的安全措施。

② 进入实验室时，应熟悉实验室及其周围的环境，熟悉灭火器材，急救药箱的使用和放置的位置，严格遵守实验室的安全守则和每个具体实验操作中的安全注意事项。如有意外事故发生，应报请老师处理。

③ 实验室中应保持安静和遵守纪律。实验时精神要集中、操作要认真、观察要细致、思考要积极。不得擅自离开，要安排好时间。要如实地认真做好实验记录，不准用散页纸记录，以免散失。

④ 遵从教师的指导，严格按照实验指导书所规定的步骤、试剂的规格和用量进行实验。学生若有新的见解或建议要改变实验步骤和试剂规格及用量时，需征得教师同意后，才可改变。

⑤ 实验台面和地面要经常保持整洁，暂时不用的器材，不要放在台面上，以免碰倒损坏。残渣、火柴梗、废纸和坏塞子等应放在指定地点，不要乱抛乱丢，更不得丢入水槽，以免堵塞下水道。废酸和废碱应倒入指定的废液缸中，不得倒入水槽内，以免损坏下水道。

⑥ 要爱护公物。公共器材用完后，需整理好并放回原处。如有损坏仪器，要办理登记换领手续。要节约用水、电及消耗性试剂，严格控制试剂的用量。

⑦ 实验结束后，值日生应负责整理公用器材，打扫实验室卫生，倒净废物缸，检查水、

电、通风、门窗是否关好，经指导老师同意后方可离开实验室。

1.2　有机化学实验室的安全知识

有机化学实验室中所用的试剂绝大多数是易燃、易爆、有毒的。如果使用不当就容易发生事故。只要实验者思想集中，严格执行操作规程，加强安全措施，就一定能有效地维护实验室的安全，使实验正常地进行。因此，必须重视安全操作和熟悉一般安全常识并切实遵守实验室的安全守则。

1.2.1　实验室的安全守则

① 实验开始前应检查仪器是否完整无损，装置是否正确稳妥，在征得指导教师同意后方可进行实验。

② 实验进行时，不准随便离开岗位，要随时注意反应进行的情况和装置有无漏气、破裂等现象。

③ 当进行有可能发生危险的实验时，要根据实验情况采取必要的安全措施，如戴防护眼镜、面罩或穿防护衣服等。

④ 实验结束后要细心洗手，严禁在实验室内吸烟或吃饮食物。

⑤ 充分熟悉安全用具如灭火器材、砂箱以及急救药箱的放置位置和使用方法，并妥善爱护。安全用具和急救药品不准移作他用。

1.2.2　实验室事故的预防

（1）火灾的预防

实验室中使用的有机溶剂大多数是易燃的，着火是有机实验室常见的事故。防火的基本原则有以下几点，必须充分注意。

① 在操作易燃的溶剂时要特别注意：

· 应远离火源；

· 切勿将易燃溶剂放在广口容器内如烧杯内直火加热；

· 加热必须在水浴中进行时，切勿使容器密闭，否则，会造成爆炸。当附近有露置的易燃溶剂时，切勿点火。

② 在进行易燃物质实验时，应养成先将酒精一类易燃的物质搬开的习惯。

③ 蒸馏易燃的有机物时，装置不能漏气，如发现漏气时，应立即停止加热，检查原因，若因塞子被腐蚀时，则待冷却后，才能换掉塞子；若漏气不严重时，可用石膏封口，但是切不能用蜡涂口，因为蜡熔化的温度低，受热后，它会熔融，不仅起不到密封的作用，还会被溶解于有机物中，又会引起火灾，所以用蜡涂封不但无济于事，还往往引起严重的恶果。从蒸馏装置接受瓶出来的尾气的出口应远离火源，最好用橡皮管引到室外去。

④ 回流或蒸馏易燃低沸点液体时，应注意：

· 应放数粒沸石或素烧瓷片或一端封口的毛细管，以防止暴沸，若在加热后才发觉未放入沸石这类物质时，绝不能急躁，不能立即揭开瓶塞补放，而应停止加热，待被蒸馏的液体冷却后才能加入；否则，会因暴沸而发生事故；

· 严禁直接加热；

· 瓶内液体量最多只能装至半满；

• 加热速度宜慢，不能快，避免局部过热。

总之，蒸馏或回流易燃低沸点液体时，一定要谨慎从事，不能粗心大意。

⑤ 用油浴加热蒸馏或回流时，必须十分注意避免由于冷凝水溅入热油浴中致使油外溅到热源上而引起火灾的危险，通常发生危险的原因，主要是由于橡皮管套进冷凝管的侧管上不紧密，开动水阀过快，水流过猛把橡皮管冲出来，或者由于套不紧而漏水，所以要求橡皮管套入侧管时要紧密，开动水阀要慢动作使水流慢慢通入冷凝管中。

⑥ 当处理大量的可燃性液体时，应在通风橱中或在指定地方进行，室内应无火源。

⑦ 不得把燃着或者带有火星的火柴梗或纸条等乱抛乱掷，也不得丢入废物缸中。否则，很容易发生危险事故。

（2）爆炸的预防

在有机化学实验，一般预防爆炸的措施如下。

① 蒸馏装置必须正确。否则，往往有发生爆炸的危险。

② 切勿使易燃、易爆的气体接近火源，有机溶剂如乙醚和汽油一类的蒸气与空气相混时极为危险，可能会由于一个热的表面或者一个火花、电花而引起爆炸。

③ 使用乙醚时，必须检查有无过氧化物存在，如果发现有过氧化物存在，应立即用硫酸亚铁除去过氧化物，才能使用。

④ 对于易爆炸的固体，如重金属乙炔化物、苦味酸金属盐、三硝基甲苯等都不能重压或撞击，以免引起爆炸，对于危险的残渣，必须小心销毁，例如，重金属乙炔化物可用浓盐酸或浓硝酸使它分解，重氮化合物可加水煮沸使它分解等。

⑤ 卤代烷勿与金属钠接触，因反应太猛会发生爆炸。

（3）中毒的预防

① 有毒药品应认真操作，妥为保管，不许乱放。实验中所用的剧毒物质应有专人负责收发，并向使用毒物者提出必须遵守的操作规程。实验后的有毒残渣必须作妥善而有效的处理。不准乱丢。

② 有些有毒物质会渗入皮肤，因此，接触这些物质时必须戴橡皮手套，操作后立即洗手，切勿让毒品沾及五官或伤口。例如，氰化钠沾及伤口后就随血液循环至全身，严重者会造成中毒死亡。

③ 在反应过程中可能生成有毒或有腐蚀性气体的实验必须在通风橱内进行，使用后的器皿应及时清洗。在使用通风橱时，实验开始后不要把头伸入橱内。

（4）触电的预防

使用电器时，应防止人体与电器导电部分直接接触，不能用湿的手或手握湿的物体接触电插头。为了防止触电，装置和设备的金属外壳等都应有连接地线，实验后应切断电源，再将连接电源插头拔下。

1. 2. 3　事故的处理和急救

（1）火灾的处理

实验室如发生失火事故，室内人员应积极而有秩序地参加灭火。一般采用如下措施。

一方面，防止火势扩展，立即熄灭其他火源，关闭室内总电闸，搬开易燃物质。

另一方面，有机化学实验室灭火，常采用使燃着的物质隔绝空气的办法灭火，通常不能用水。否则，反而会引起更大火灾。在失火初期，不能用口吹，必须使用灭火器、砂、毛毡等。若火势小，可用数层抹布把着火的仪器包裹起来。如在小器皿内着火（如烧杯或烧瓶内），可盖上石棉板使之隔绝空气而熄灭，绝不能用口吹。

如果油类着火，要用砂或灭火器灭火。也可撒上干燥的固体碳酸钠或碳酸氢钠粉末扑灭。

如果电器着火，必须先切断电源，然后用二氧化碳灭火器或四氯化碳灭火器灭火（注意：四氯化碳蒸气有毒，在空气不流通的地方使用有危险！）。因为这些灭火剂不导电，不会使人触电。绝不能用水和泡沫灭火器灭火，因为有水能导电，会使人触电甚至死亡。

如果衣服着火，应立即在地上打滚，盖上毛毡或棉胎一类东西，使之隔绝空气而灭火。

总之，当失火时，应根据起火的原因和火场周围的情况，采取不同的方法扑灭火焰。无论使用哪一种灭火器材，都应从火的四周开始向中心扑灭。

（2）玻璃割伤

玻璃割伤是常见的事故，受伤后要仔细观察伤口有没有玻璃碎粒，若伤势不重，让血流片刻，再用消毒棉和硼酸水（或双氧水）洗净伤口，搽上碘酒后包扎好；若伤口深，流血不止时，可在伤口上下 10cm 之处用纱布扎紧，减慢流血，有助血凝，并随即到医务室就诊。

（3）药品的灼伤

① 酸灼伤。

皮肤上：立即用大量水冲洗，然后用 5％碳酸氢钠溶液洗涤，再涂上油膏，并将伤口包扎好。

眼睛上：抹去溅在眼睛外面的酸，立即用水冲洗，用洗眼杯或将橡皮管套上水龙头用慢水对准眼睛冲洗，再用稀碳酸氢钠溶液洗涤，最后滴入少许蓖麻油。

衣服上：先用水冲洗，再用稀氨水洗，最后用水冲洗。

地板上：先撒石灰粉，再用水冲洗。

② 碱灼伤。

皮肤上：先用水冲洗，然后用饱和硼酸溶液或 1％醋酸溶液洗涤，再涂上油膏，并包扎好。

眼睛上：抹去溅在眼睛外面的碱，用水冲洗，再用饱和硼酸溶液洗涤后，滴入蓖麻油。

衣服上：先用水冲洗，然后用 10％醋酸溶液洗涤，再用氨水中和多余的醋酸，最后用水冲洗。

③ 溴灼伤。应立即用酒精洗涤，涂上甘油，用力按摩，将伤处包好。

如眼睛受到溴的蒸气刺激，暂时不能睁开时，可对着盛有卤仿或酒精的瓶内注视片刻。

上述各种急救法，仅为暂时减轻疼痛的措施。若伤势较重，在急救之后，应速送医院诊治。

（4）烫伤

轻伤者涂以玉树油或鞣酸油膏，重伤者涂以烫伤油膏后即送医务室诊治。

（5）中毒

毒物溅入口中而尚未咽下的应立即吐出来，用大量水冲洗口腔；如吞下时，应根据毒物的性质给以解毒剂，并立即送医院急救。

① 腐蚀性毒物：对于强酸，先饮大量的水，再服氢氧化铝膏、鸡蛋白；对于强碱，也如此，然后服用醋、酸果汁、鸡蛋白。不论酸或碱中毒都需灌注牛奶，不要吃呕吐剂。

② 刺激性及神经性中毒：先服牛奶或鸡蛋白使之缓和，再服用硫酸镁溶液（约 30g 溶于一杯水中）催吐，有时也可以用手指伸入喉部催吐后，立即送医院。

③ 吸入气体中毒：将中毒者搬到室外，解开衣领及纽扣。吸入少量氯气和溴气者，可

用碳酸氢钠溶液漱口。

（6）急救用具

① 消防器材：泡沫灭火器、四氯化碳灭火器、二氧化碳灭火器、砂、毛毡、棉胎和淋浴用的水龙头。

② 急救药箱：红汞、紫药水、碘酒、双氧水、饱和硼酸溶液，1％醋酸溶液、5％碳酸氢钠溶液，70％酒精、玉树油、烫伤膏、药用蓖麻油、硼酸膏或凡士林、磺胺药粉、洗眼杯、消毒棉、纱布、胶布、剪刀、镊子、橡皮管等。

1.3　有机化学实验常用仪器

1.3.1　有机化学实验常用普通玻璃仪器

图 1-1 是有机化学实验常用的普通玻璃仪器。在无机化学实验中用过的烧杯、量筒等均从略。使用时要注意以下几点。

① 除少数玻璃仪器（如试管等）外，都不能直接用火加热，一般要垫石棉网。

② 厚壁玻璃仪器（如抽滤瓶等）不耐热，不能加热；锥形瓶不能减压用；广口容器（如烧杯）不能存放有机溶剂；计量容器（如量筒）不能高温烘烤。

③ 带活塞的玻璃器皿用过洗涤后，在活塞与磨口间垫上纸片，防止粘住。

④ 温度计不能用作搅拌棒，使用后要缓慢冷却，不可立即用冷水冷却。

1.3.2　有机化学实验常用标准磨口玻璃仪器

（1）标准磨口玻璃仪器

目前有机化学实验中广泛使用标准磨口玻璃仪器。这种玻璃仪器可以和相同编号的标准磨口相互连接，组装成各种配套仪器。使用标准磨口玻璃仪器不仅可省去配塞子和钻孔的时间，避免反应物或产物被塞子沾污的危险，而且装配容易，拆卸方便，并可用于蒸馏、减压蒸馏等操作，使工作效率大大提高。

标准磨口玻璃仪器口径的大小，常用数字编号表示，通常标准磨口有 10mm、12mm、14mm、16mm、19mm、24mm、29mm、34mm、40mm 等多种型号，这些数字指磨口最大端直径的尺寸。有的标准磨口玻璃仪器也常用两个数字表示磨口的大小，例如 10/30，10 表示磨口最大端的直径为 10mm，30 表示磨口的高度为 30mm。

编号不同的仪器可借助不同编号的磨口接头（变径）使之连接，通常用两个数字表示变径的大小，如接头 14×19，表示该接头的一段为 14 号磨口，另一段为 19 号磨口。半微量仪器一般为 10 号和 14 号，常量仪器磨口为 19 号以上。图 1-2 为有机化学实验常用的标准磨口玻璃仪器。

（2）使用标准磨口玻璃仪器注意事项

① 磨口处必须保持清洁，若沾有固体物质，会使磨口对接不严密，导致漏气，甚至损坏磨口。

② 一般在使用时，磨口不需涂润滑剂，以免沾污反应物和产物。如反应中有强碱，则应涂润滑剂，以免磨口连接处因碱腐蚀而黏结，无法拆开。对于减压蒸馏，所有磨口都要涂真空脂，以免漏气。

③ 安装磨口仪器时，注意整齐、正确，使磨口连接处不受歪斜的应力，否则仪器易破裂。

④ 用后应立即拆卸洗净。否则，对接处常会粘牢，以致拆卸困难。

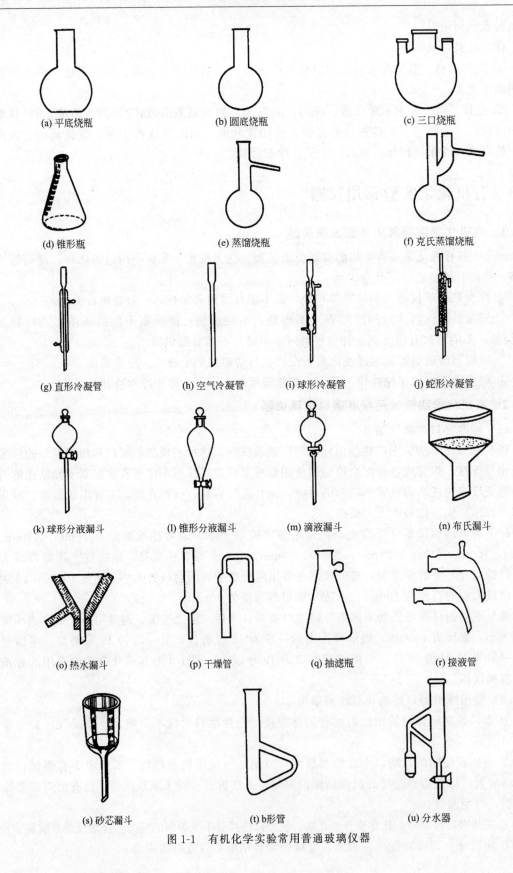

(a) 平底烧瓶　　　　(b) 圆底烧瓶　　　　(c) 三口烧瓶

(d) 锥形瓶　　　　(e) 蒸馏烧瓶　　　　(f) 克氏蒸馏烧瓶

(g) 直形冷凝管　　(h) 空气冷凝管　　(i) 球形冷凝管　　(j) 蛇形冷凝管

(k) 球形分液漏斗　(l) 锥形分液漏斗　(m) 滴液漏斗　　(n) 布氏漏斗

(o) 热水漏斗　　(p) 干燥管　　(q) 抽滤瓶　　(r) 接液管

(s) 砂芯漏斗　　　　(t) b形管　　　　(u) 分水器

图 1-1　有机化学实验常用普通玻璃仪器

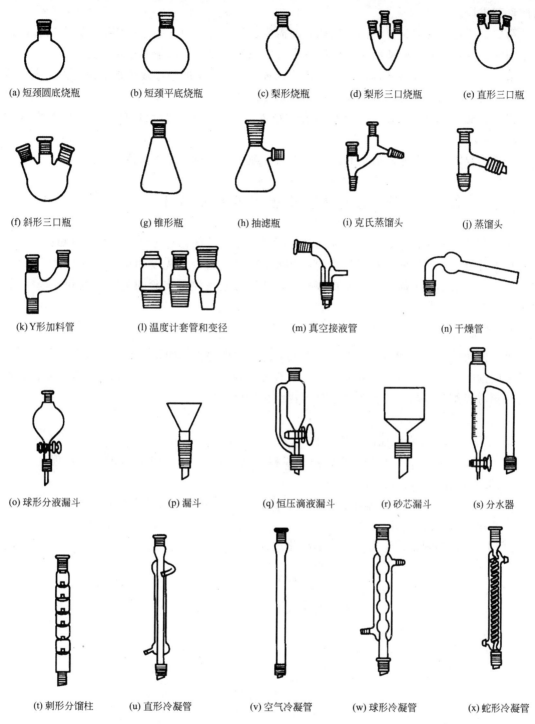

(a) 短颈圆底烧瓶　　(b) 短颈平底烧瓶　　(c) 梨形烧瓶　　(d) 梨形三口烧瓶　　(e) 直形三口瓶

(f) 斜形三口瓶　　(g) 锥形瓶　　(h) 抽滤瓶　　(i) 克氏蒸馏头　　(j) 蒸馏头

(k) Y形加料管　　(l) 温度计套管和变径　　(m) 真空接液管　　(n) 干燥管

(o) 球形分液漏斗　　(p) 漏斗　　(q) 恒压滴液漏斗　　(r) 砂芯漏斗　　(s) 分水器

(t) 刺形分馏柱　　(u) 直形冷凝管　　(v) 空气冷凝管　　(w) 球形冷凝管　　(x) 蛇形冷凝管

图 1-2　有机化学实验常用标准磨口玻璃仪器

⑤ 洗涤磨口时，应避免用去污粉擦洗，以免损坏磨口。

1.3.3　仪器的装配

仪器装配得正确与否，对于实验的成败有很大的关系。

第一，在装配一套装置时，所选用的玻璃仪器和配件都要干净。否则，往往会影响产物的产量和质量。

第二，所选用的器材要恰当。例如，在需要加热的实验中，如需选用圆底烧瓶时，应选用坚固的、其容积大小应使所盛的反应物占其容积的 1/2 左右，最多也不超过 2/3。

第三，装配时，应首先选好主要仪器的位置，按照一定的顺序逐个地装配起来，先下后上，从左到右。在拆卸时，按相反的顺序逐个地拆卸。

仪器装配要求做到严密、正确、整齐和稳妥。在常压下进行反应的装置，应与大气相通，不能密闭。

铁夹的双钳应贴有橡皮或绒布，或缠上石棉绳等。否则容易将仪器夹坏。

1.4　实验预习、实验记录和实验报告的基本要求

学生在学习本课程开始时，必须认真地阅读本书第 1 章有机化学实验的一般知识。

在进行每个实验之前，必须认真预习有关实验的内容。首先要明确实验的目的、原理、内容和方法，然后写出简要的实验步骤提纲，特别应着重注意实验的关键步骤和安全问题。总之，要安排好实验计划。

1.4.1　实验预习

为了使实验能够达到预期的效果，在实验之前要做好充分的预习和准备，预习时除了要求反复阅读实验内容，领会实验原理，了解有关实验步骤和注意事项外，还需在实验记录本上写好预习提纲。以制备实验为例，预习提纲包括以下内容。

① 实验目的。

② 主反应和重要副反应的反应方程式。

③ 原料、产物和副产物的物理常数；原料用量（单位：g，mL，mol），计算理论产量。

④ 正确而清楚地画出装置图。

⑤ 本次实验所涉及相关基本操作内容、实验的关键步骤、难点及实验过程的安全问题。

⑥ 用图表形式表示实验步骤。

【例】 环己烯制备的步骤（粗产物纯化过程）。

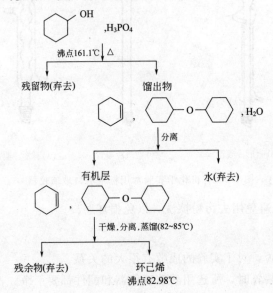

1.4.2　实验记录

实验记录本应是一装订本，不得用活页纸或散纸。记录本按照下列格式做实验记录。

① 空出记录本前几页，留作编目录用。

② 把记录本编好页码。

③ 每做一个实验，应从新的一页开始。

④ 若实验操作没有变动时，不必再把操作细节记上。但应记录试剂的规格和用量，仪器的名称、规格、牌号，实验的日期，实验所用去的时间，实验现象和数据。

对于观察到的现象应真实地、详尽地记录，不能虚假，养成边做实验边记录的好习惯。记录本内容要标准，记录要完整且简单明了，字迹清楚，不仅自己现在能看懂，甚至几年后也能看懂，而且他人也能看得明白。

实验完毕，必须将实验记录交给指导教师签字后，才可离开实验室。实验记录的格式见下表。

日期　　　　　年　　月　　日

时间	步骤	现象	备注

1.4.3　实验报告的基本要求

实验操作完成后，必须对实验进行总结，即讨论观察到的现象，分析出现的问题，对实验数据进行归纳处理等，这是完成整个实验的一个重要环节，也是把各种实验现象提高到理性认识的重要步骤。实验报告就是对此项能力进行培养和训练。

实验报告应包括实验的目的要求、反应式、主要试剂的规格、用量（指合成实验）、实验步骤和现象、产率计算、讨论等。要如实记录填写报告，文字精练，图要准确，讨论要认真。关于实验步骤的描述，不应照抄书上的实验步骤，应该对所做的实验内容做概要的描述。在实验报告中还应完成指定的思考题或提出改进本实验的意见等。

实验报告内容大致分为九项，根据实验实际情况进行删减。

① 实验目的。

② 实验原理，主反应、副反应方程式。

③ 主要试剂及产物的物理常数。

④ 主要试剂用量及规格。

⑤ 实验装置图。

⑥ 实验步骤及现象。

⑦ 产品外观、质量、产率。

⑧ 讨论：内容包括写出自己实验的心得体会和对实验的意见、建议。通过讨论来总结和巩固在实验中所学到的理论和技术，进一步培养分析问题和解决问题的能力。

⑨ 思考题解答。

1.4.4　实验报告的样例

实验 1.1　1-溴丁烷的制备

1. 实验目的

(1) 了解由醇制备 1-溴丁烷的原理及方法；

(2) 初步掌握回流、气体吸收装置和分液漏斗的使用。

2. 实验原理

主反应：

$$NaBr + H_2SO_4 \longrightarrow HBr + NaHSO_4$$

$$n\text{-}C_4H_9OH + HBr \longrightarrow n\text{-}C_4H_9Br + H_2O$$

副反应：

$$CH_3CH_2CH_2CH_2OH \xrightarrow[\triangle]{\text{浓 } H_2SO_4} CH_3CH_2CH = CH_2 + CH_3CH = CHCH_3 + H_2O$$

$$2CH_3CH_2CH_2CH_2OH \xrightarrow[\triangle]{\text{浓 } H_2SO_4} CH_3CH_2CH_2CH_2OCH_2CH_2CH_2CH_3 + H_2O$$

$$2NaBr + 3H_2SO_4 \longrightarrow Br_2 + SO_2 + 2H_2O + 2NaHSO_4$$

3. 主要试剂及产物的物理常数

名称	相对分子质量	性状	折射率	熔点/℃	沸点/℃	溶解度/(g/100mL 溶剂)		
						水	醇	醚
正丁醇	74.12	无色液体	1.3993	−89.5	117.3	7.920	∞	∞
1-溴丁烷	137.03	无色液体	1.4401	−112.4	101.6	不溶	∞	∞

4. 主要试剂用量及规格

正丁醇：化学纯，10mL。

浓硫酸：化学纯，15mL。

溴化钠：化学纯，12.5g。

5. 实验装置图 (略)

6. 实验步骤及现象

步　骤	现　象
(1)于 150mL 单口圆底烧瓶中放置 15mL 水、15mL 浓硫酸(分三次加入),振摇冷却	放热
(2)加 10mL 正丁醇及 12.5g NaBr,振摇,加沸石	不分层,有许多 NaBr 未溶。瓶中已出现白雾状 HBr
(3)装冷凝管、HBr 吸收装置,加热微沸 1h	沸腾,瓶中白雾状 HBr 增多,并从冷凝管上升,为气体吸收装置吸收。瓶中液体由一层变成三层,上层开始极薄,越来越厚,颜色由淡黄色转变为橙黄色;中层为橙黄色,中层越来越薄,最后消失
(4)稍冷,改成蒸馏装置,加沸石,蒸出 1-溴丁烷	馏出液浑浊,分层,瓶中上层越来越少,最后消失,消失后过片刻停止蒸馏。蒸馏瓶冷却析出无色透明结晶(硫酸氢钠)
(5)粗产物用 15mL 水洗。	产物在下层
5mL 硫酸洗	加一滴浓硫酸沉至下层,证明产物在上层
15mL 水洗	两层交界处有絮状物
10mL 饱和碳酸氢钠洗	产生二氧化碳气体
15mL 水洗	产物在下层,浑浊
(6)粗产物置于 50mL 锥形瓶中,加 2g 无水氯化钙干燥	粗产物有些浑浊,稍摇后透明
(7)产物滤入 150mL 蒸馏瓶中,加沸石蒸馏,收集 99～103℃馏分	99℃以前馏出液很少,长时间稳定于 101～102℃。后升至 103℃,温度下降,瓶中液体很少,停止蒸馏
产物外观,质量	无色液体,产物的质量×g

7. 产率计算

因其他试剂过量，理论产量应按正丁醇计算。

8. 讨论

（1）醇能与硫酸生成盐，而卤代烷不溶于硫酸，故随着正丁醇转化为 1-溴丁烷，烧瓶中分成三层。上层为 1-溴丁烷，中层可能为硫酸氢正丁酯，中层消失即表示大部分正丁醇已转化为 1-溴丁烷。上、中两层液体呈橙黄色，可能是由于副反应产生的溴所致。从实验可知溴在 1-溴丁烷中的溶解度较硫酸中的溶解度大。

（2）蒸去 1-溴丁烷后，烧瓶冷却析出的结晶是硫酸氢钠。

（3）由于操作时疏忽大意，反应开始前忘加沸石，使回流不正常。停止加热稍冷后，再加沸石继续回流，致使操作时间延长。这一点今后要引起注意。

9. 思考题解答

实验中浓硫酸的作用是和溴化钠反应生成溴化氢，同时过量的浓硫酸可以吸收反应中生成的水来提高反应产率。

第2章 有机化学实验基本操作技术

2.1 常用玻璃器皿的洗涤和干燥技术

2.1.1 常用玻璃仪器的洗涤

2.1.1.1 玻璃仪器的洗涤

化学实验室经常使用各种玻璃仪器，而这些仪器是否干净，常常影响到实验结果的准确性，所以应该保证所使用的仪器是很干净的。"干净"两字的含义比在日常生活中所说的干净程度要求要高，主要是指"不含有妨碍实验准确性的杂质"的意思。一般来说，玻璃仪器洗干净后，内壁附着的水均匀，既不聚集成滴，也不成股流下。

洗涤玻璃仪器的方法很多，应根据实验的要求、污物的性质和沾污的程度来选用。一般说来，附着在仪器上的污物既有可溶性物质，也有尘土和其他不溶物质，还有油污和有机物质。针对这种情况，可以分别采用下列洗涤方法。

（1）直接使用自来水刷洗

用自来水冲洗对于水溶性物质以及附在仪器上的尘土及其他不溶物的除去有效，但难以除去油污及某些有机物。对于某些有机污染物，则应选取相应的有机溶剂洗涤。

（2）用去污粉、肥皂或合成洗涤剂刷洗

肥皂和合成洗涤剂的去污原理已众所周知，不必重述。去污粉是由碳酸钠、白土、细沙等混合而成。使用时，首先用自来水浸泡润洗，加入少量去污粉，用毛刷刷洗污处，最后再用自来水冲洗干净，必要时用蒸馏水冲洗2～3次。

注意：使用毛刷刷洗试管时，应将毛刷顶端的毛顺着伸入到试管中，用食指抵住试管末端，来回抽拉毛刷进行刷洗，不可用力过大。也不要同时抓住几只试管一起刷洗。

碳酸钠是一种碱性物质，具有强的去污能力，而细沙的摩擦作用以及白土的吸附作用则增强了仪器清洗的效果。待仪器的内外器壁都经过仔细的擦洗后，用自来水冲去仪器内外的去污粉，要冲洗到没有细微的白色颗粒状粉末留下为止。最后，用蒸馏水冲洗仪器内壁三次，把自来水中带来的钙、镁、铁、氯等离子洗去，洗涤应坚持少量多次的原则。

（3）用洗液洗

在进行精确定量实验时，或者所使用的仪器口径小、管细、形状特殊时，应该用洗液洗涤。洗液具有强酸碱性、强氧化性、去油污和有机物的能力较强的特性，对衣物、皮肤、桌面及橡皮的腐蚀性也较强，使用时应小心。

具体做法是：先将仪器用自来水刷洗，倒净其中的水，加入少量洗液，转动仪器使内壁全部为洗液所浸润，一段时间后，将洗液倒回原瓶。仪器先用自来水冲洗，再用蒸馏水冲洗2～3次。

使用洗液时注意以下几点。

① 洗液为强腐蚀性液体，应注意安全。

② 洗液吸水性强，用完后应立即将洗液瓶子盖严。

③ 洗液可反复使用，但是若洗液变为绿色（重铬酸钾还原成硫酸铬的颜色）时即失效，不能再使用。

④ 能用别的洗涤方法洗干净的仪器，就不要用铬酸洗液洗，因为它具有毒性，流入下水道后对环境有严重污染。

（4）用蒸馏水（或去离子水）淋洗

经过上述方法洗涤的仪器，仍然会沾附有来自自来水的钙、镁、氯、铁等离子，因此必要时应该用蒸馏水（或去离子水）淋洗内部 2～3 次。洗涤仪器时，应注意按照少量多次的原则，尽量将仪器洗涤干净；洗涤干净的仪器内外壁上不应附着不溶物、油污，仪器可被水完全湿润，将仪器倒置水即沿器壁流下，器壁上留下一层既薄又均匀的水膜，不挂水珠。

在实验中应根据实际情况和实验内容来决定洗涤程度，如在进行定量实验中，由于杂质的引进会影响实验的准确性，因此对仪器的洁净程度要求较高。对于一般的无机制备实验或者定性实验等，对仪器的洁净程度要求相对较低，只要洗刷干净，用不着要求不挂水珠，也没有必要用蒸馏水洗涤。

为了避免有些污染难以洗去，要求当实验完毕后立即将所用仪器洗涤干净，养成一种用完即洗净的习惯。凡是洗净的仪器，决不能再用布或纸擦拭。否则，至少布或纸的纤维将会留在器壁上而沾污仪器。

2.1.1.2 沉淀垢迹的洗涤

一些不溶于水的沉淀垢迹经常牢固地黏附在仪器的内壁，需要根据沉淀的性质选用合适的试剂，用化学方法除去。表 2-1 介绍了几种常见垢迹的化学处理方法

表 2-1 常见垢迹的化学处理方法

垢迹类别	处理方法	垢迹类别	处理方法
MnO_2，$Fe(OH)_3$ 或碱土金属的碳酸盐 银、铜等 难溶银盐	盐酸（MnO_2 需用浓盐酸） 硝酸 一般用硫代硫酸盐，Ag_2S 可用热浓硝酸	不溶于水及酸碱的有机物 煤焦油 $KMnO_4$ 硫黄	相应有机溶剂 煮沸石灰水 稀草酸溶液 浓碱浸泡

2.1.1.3 洗涤液的配制

（1）铬酸洗涤液（简称洗液）

将 25g $K_2Cr_2O_7$ 溶于 50mL 水中，冷却后向此溶液中慢慢加入浓硫酸至 500mL。

（2）碱性高锰酸碱洗涤液

将 4g 高锰酸钾溶于 5mL 水中，再加入 95mL10％的氢氧化钠溶液混合即得。

2.1.2 玻璃仪器的干燥

仪器干燥的方法很多，但要根据具体情况，选用具体的方法。

2.1.2.1 加热法干燥仪器

（1）烘干

洗净的仪器可以放在恒温箱内烘干。放置仪器时，应注意使仪器的口朝下（倒置后不稳定的仪器则平放）。应该在恒温箱的最下层放一搪瓷盘，承接从仪器上滴下的水珠，以免电炉丝碰到水滴而损坏。

（2）烤干

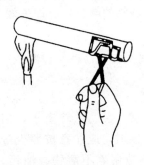

烧杯或蒸发皿可置于石棉网上，用火烤干。试管的干燥，也常采用烤干的方法。操作时试管要略微倾斜，管口向下并不时来回翻转试管，开始先加热试管底部，待底部水分赶尽后，沿着从底部到管口方向加热试管，以便把水汽赶尽（见图2-1）。

2.1.2.2　不加热的方法干燥仪器

（1）晾干

洗净的仪器可倒置于干净的实验柜（倒置后不稳定的仪器如量筒等，则不宜这样做）或仪器架上晾干。

（2）吹干

图 2-1　试管烤干

用压缩空气（或电吹风）把仪器吹干。

（3）用有机溶剂干燥

有些有机溶剂可以和水互相溶解，最常用的是乙醇。在仪器内加入少量乙醇，把仪器倾斜，转动仪器，器壁上的水即与乙醇混合，然后倾出乙醇，最后，留在仪器内的乙醇挥发，而使仪器干燥。往仪器内吹入干燥空气，可以使乙醇挥发得快一些。注意：带有刻度的度量仪器不能用加热的方法进行干燥，因为加热会影响这些仪器的精确度。厚薄不匀的玻璃仪器也不宜用加热的方法进行干燥（特别不能烤干），因为厚薄不匀的玻璃仪器受热时容易破裂。

2.1.3　电热鼓风干燥箱的使用

常用的电热鼓风干燥箱见图 2-2。干燥箱用于物品之干燥和干热灭菌，工作温度为 $50\sim250℃$。

（1）使用方法

① 把电源插头插好，合上电闸。

② 调节自动恒温控制按钮至所需要的温度，电热丝开始加热。此时也可开鼓风机帮助箱内热空气对流。

③ 在恒温过程中，箱内温度即能自动控制在所需要的温度（$\pm0.5℃$）。

④ 工作一定时间后需要将潮气排出，可打开放气调节器，也可打开鼓风机。

⑤ 使用完后，关闭鼓风机开关，断开电闸，将电源插头

图 2-2　电热鼓风干燥箱

拔出插座。

（2）注意事项

① 使用前应检查电源（电压、电流）是否符合规定，地线是否接妥。

② 挥发性物品，如盛有有机溶剂的器皿，不能放入，以防火灾和爆炸。

③ 安放物品时，应小心，以免损坏部件。安放物品后应立即关好箱门，以便保持温度恒定。

④ 若温度超过 $180℃$，箱内棉花或纸张则烤焦，玻璃器皿则易破损。

⑤ 电热鼓风干燥箱的电动机轴承，每年至少加润滑油一次。

⑥ 必须有良好的地线。

⑦ 附近不能放置易燃物品。

⑧ 检修时不能带电操作。

2.2　加热与冷却

2.2.1　加热

加热是化学实验中最基本的操作之一。在化学实验室最常用的加热器有酒精灯、酒精喷灯、电热套和电炉以及马弗炉等。

为了加速有机反应，往往需要加热，从加热方式来看有直接加热和间接加热。在有机实验室里一般不用直接加热，例如用电热板加热圆底烧瓶，会因受热不均匀，导致局部过热，甚至导致破裂，所以，在实验室安全规则中规定禁止用明火直接加热易燃的溶剂。

为了保证加热均匀，一般使用热浴间接加热，作为传热的介质有空气、水、有机液体、熔融的盐和金属。根据加热温度、升温速度等的需要，常采用下列手段。

（1）空气浴

利用热空气间接加热，对于沸点在 80℃ 以上的液体均可采用。

把容器放在石棉网上加热，这就是最简单的空气浴。但是，受热仍不均匀，故不能用于回流低沸点易燃的液体或者减压蒸馏。

半球形的电热套是属于比较好的空气浴，因为电热套中的电热丝是玻璃纤维包裹着的，较安全，一般可加热至 400℃，电热套主要用于回流加热。蒸馏或减压蒸馏以不用为宜，因为在蒸馏过程中随着容器内物质逐渐减少，会使容器壁过热。电热套有各种规格，取用时要与容器的大小相适应。

（2）水浴

当加热的温度不超过 100℃ 时，最好使用水浴加热，水浴为较常用的热浴（图 2-3）。使用水浴时，勿使容器触及水浴器壁或其底部。如果加热温度稍高于 100℃，则可选用适当无机盐类的饱和水溶液作为热溶液。

例如：

图 2-3　恒温水浴锅

盐类	饱和水溶液的沸点/℃
NaCl	109
$MgSO_4$	108
KNO_3	116
$CaCl_2$	180

由于水浴中的水不断蒸发，适时添加热水，使水浴中水面经常保持稍高于容器内的液面。

总之，使用液体热浴时，热浴的液面应略高于容器中的液面。

（3）油浴

适用温度 100～250℃，优点是使反应物受热均匀，反应物的温度一般低于油浴液 20℃ 左右。常用的油浴液如下。

① 甘油：可以加热到 140～150℃，温度过高时则会分解。

② 植物油：如菜油、蓖麻油和花生油等，可以加热到 220℃，常加入 1% 对苯二酚等抗氧化剂，便于久用，温度过高时，则会分解，达到闪点时，可能燃烧起来，所以，使用时要小心。

③ 石蜡：能加热到 200℃ 左右，冷到室温时凝成固体，保存方便。

④ 石蜡油：可以加热到 200℃ 左右，温度稍高并不分解，但较易燃烧。

用油浴加热时，要特别小心，防止着火，当油受热冒烟时，应立即停止加热。

油浴中应挂一支温度计，可以观察油浴的温度和有无过热现象，便于调节控制温度。

油量不能过多。否则受热后有溢出而引起火灾的危险。使用油浴时要极力防止产生可能引起油浴燃烧的因素。

加热完毕取出反应容器时，仍用铁夹夹住反应容器使其离开液面悬置片刻，待容器壁上附着的油滴完后，用纸和干布揩干。

（4）酸浴

常用酸液为浓硫酸，可加热至 250～270℃，当加热至 300℃ 左右时则分解，生成白烟，若酌加硫酸钾，则加热温度可升到 350℃ 左右。

例如：

浓硫酸（相对密度 1.84）	70%（质量分数）	60%（质量分数）
硫酸钾	30%	40%
加热温度	约 325℃	约 365℃

上述混合物冷却时，即成半固体或固体，因此，温度计应在液体未完全冷却前取出。

（5）砂浴

一般是用铁盆装干燥的细海砂（或河沙），把反应容器半埋砂中加热。加热沸点在 80℃ 以上的液体时可以采用，特别适用于加热温度在 220℃ 以上者，但砂浴的缺点是传热慢，温度上升慢，且不易控制，因此，砂层要薄一些。砂浴中应插入温度计。温度计水银球要靠近反应器。

（6）金属浴

选用适当的低熔合金，可加热至 350℃ 左右，一般都不超过 350℃。否则，合金将会迅速氧化。

（7）电炉、电加热套、电热板、马弗炉

根据需要，实验室还经常用到电炉、电加热套、电热板、马弗炉等加热设备（见图 2-6），电炉、电加热套、电热板是利用电阻丝将电能转化为热能的装置，使用温度的高低可通过调节外电阻来控制，为保证容器受热均匀，使用时反应容器与电炉间利用石棉网相隔离。马弗炉是利用电热丝或硅碳棒加热的密封炉子，炉膛是利用耐高温材料制成，呈长方体。一般电热丝炉最高温度为 950℃，硅碳棒炉为 1300℃，炉内温度是利用热电偶和毫伏表组成的高温计测量，并使用温度控制器控制加热速度。使用马弗炉时，被加热物体必须放置在能够耐高温的容器（如坩埚）中，不要直接放在炉膛上，同时不能超过最高允许温度。

图 2-4　常用高温电加热器（依次为电炉、电加热套、电热板、马弗炉）

2.2.2　冷却与冷却剂

在有机实验中，有时需采用一定的冷却剂进行冷却操作，在一定的低温条件下进行反应、分离提纯等。例如：

① 某些反应要在特定的低温条件下进行的，才利于有机物的生成，如重氮化反应一般在 0～5℃进行；

② 沸点很低的有机物，冷却时可减少损失；

③ 要加速结晶的析出；

④ 高度真空蒸馏装置。

根据不同的要求，选用适当的冷却剂冷却，最简单的是用水和碎冰的混合物，可冷却至 0～5℃，它比单纯用冰块有较大的冷却效能。因为冰水混合物与容器的器壁充分接触。

若在碎冰中酌加适量的盐类，则得冰盐混合冷却剂，温度可在 0℃以下，例如，普通常用的食盐与碎冰的混合物（33∶100），其温度可由始温−1℃降至−21.3℃。但在实际操作中温度−5～−18℃。冰盐浴不宜用大块的冰，而且要按上述比例将食盐均匀撒布在碎冰上，这样冰冷效果才好。

除上述冰浴或水盐浴外，若无冰时，则可用某些盐类溶于水吸热作为冷却剂使用，见表 2-2、表 2-3。

表 2-2　用两种盐及水（冰）组成的冷却剂

盐类及其用量/g				温度/℃	
				始温	冷冻
每 100g 水					
NH_4Cl	31	KNO_3	20	＋20	−7.2
NH_4Cl	24	$NaNO_3$	53	＋20	−5.8
NH_4NO_3	79	$NaNO_3$	61	＋20	−14
每 100g 冰					
NH_4Cl	26	KNO_3	13.5		−17.9
NH_4Cl	20	$NaCl$	40		−30.0
NH_4Cl	13	$NaNO_3$	37.5		−30.1
NH_4NO_3	42	$NaCl$	42		−40.0

表 2-3　用一种盐及水（冰）组成的冷却剂

盐类	用量/g	温度/℃	
		始温	冷冻
	每 100g 水		
KCl	30	＋13.6	＋0.6
$CH_3COONa \cdot 3H_2O$	95	＋10.7	−4.7
NH_4Cl	30	＋13.3	−5.1
$NaNO_3$	75	＋13.2	−5.3
NH_4NO_3	60	＋13.6	−13.6
$CaCl_2 \cdot 6H_2O$	167	＋10.0	−15.0
	每 100g 冰		
NH_4Cl	25	−1	−15.4
KCl	30	−1	−11.1
NH_4NO_3	45	−1	−16.7
$NaNO_3$	50	−1	−17.7
$NaCl$	33	−1	−21.3
$CaCl_2 \cdot 6H_2O$	204	0	−19.7

2.3　干燥与干燥剂

干燥是常用的除去固体、液体或气体中少量水分或少量有机溶剂的方法，是常用的分离和提纯有机化合物的基本操作之一。在进行有机物定性、定量分析以及物理常数测定时，都必须进行干燥处理才能得到准确的实验结果。液体有机物在蒸馏前也需干燥，否则沸点前馏分较多，产物损失，甚至沸点也不准。此外，许多有机反应需要在无水条件下进行，溶剂、原料和仪器等均要干燥。

2.3.1　干燥的方法

根据除水原理，干燥的方法可分为物理方法和化学方法两种。

物理方法中有分馏、吸附、晾干、烘干和冷冻等。近年来，还常用离子交换树脂和分子筛等方法来进行干燥。离子交换树脂和分子筛均属多孔性吸水固体，受热后会释放出水分子，可反复使用。

化学方法是利用干燥剂与水分子反应进行除水。根据干燥剂除水作用的不同，可分为两类：一类与水可逆地结合，生成水合物的干燥剂，如无水氯化钙、无水硫酸镁等；另一类是与水发生不可逆的化学反应，生成新的化合物的干燥剂，如金属钠、五氧化二磷等。目前第一类干燥剂广泛使用。

2.3.2　液体有机化合物的干燥

（1）干燥剂的选择

液体有机物的干燥，通常是将干燥剂直接加到被干燥的液体有机物中进行。选择合适的干燥剂非常重要。选择干燥剂时应注意以下几点。

① 干燥剂应与被干燥的液体有机化合物不发生化学反应、配位和催化等作用，也不溶解于要干燥的液体中。例如酸性化合物不能用碱性干燥剂，碱性化合物不能用酸性干燥剂等。

② 使用干燥剂时要考虑干燥剂的吸水容量和干燥效能。吸水容量指单位质量的干燥剂的吸水量。干燥效能是指达到平衡时液体被干燥的程度。对于形成水合物的无机盐干燥剂，常用吸水后结晶水的蒸气压来表示干燥剂效能。如硫酸钠形成 10 个结晶水，吸水容量为1.25，蒸气压为 260Pa；氯化钙最多能形成 6 个水的水合物，其吸水容量为 0.97，蒸气压为39Pa（25℃）。因此硫酸钠的吸水容量较大，但干燥效能弱；而氯化钙吸水容量较小，但干燥效能强。在干燥含水量较大而又不易干燥的化合物时，常先用吸水容量较大的干燥剂除去大部分水分，再干燥效能强的干燥剂进行干燥。常用干燥剂的性能与应用范围见表 2-4，表 2-5。

表 2-4　干燥有机物常用的干燥剂

干燥剂	酸碱性	适用有机物	干燥效能
H_2SO_4（浓）	强酸性	饱和烃、卤代烃	吸湿性较强
P_2O_5	酸性	烃、醚、卤代烃	吸湿性很强，吸收后需蒸馏分离
Na	强碱性	卤代烃、醇、酯、胺	干燥效果好，但速度慢
$Na_2O，CaO$	碱性	醇、醚、胺	效率高，作用慢，干燥后需蒸馏分离
KOH，NaOH	强碱性	醇、醚、胺、杂环	吸湿性强，快速有效
K_2CO_3	碱性	醇、酮、胺、酯、腈	吸湿性一般，速度较慢

续表

干燥剂	酸碱性	适用有机物	干燥效能
$CaCl_2$	中性	烃、卤代烃、酮、醚	吸水量大，作用快，效率不高
$CaSO_4$	中性	烷、醇、醚、醛、酮、芳香烃	吸水量小，作用快，效率高
Na_2SO_4	中性	烃、醚、卤代烃、醇、酚、醛、酮、酯、胺、酸	吸水量大，作用慢，效率低，但价格便宜
$MgSO_4$	中性	烃、醚、卤代烃、醇、酚、醛、酮、酯、胺、酸	较 Na_2SO_4 作用快，效率高
3A 分子筛、4A 分子筛		各类有机物	快速有效吸附水分，并可再生使用

表 2-5　几种干燥剂的残留水分

干燥剂	P_2O_5	$Mg(ClO_4)_2$	BaO	分子筛	KOH	$CaSO_4$	H_2SO_4	$CaCl_2$
残留水分/(mg/L)	2×10^{-5}	5×10^{-4}	7×10^{-4}	1×10^{-3}	2×10^{-2}	5×10^{-2}	1×10^{-2}	0.2

（2）干燥剂的用量

干燥剂的用量可根据被干燥物质的性质、含水量及干燥剂自身的吸水量来决定。分子中有亲水基团的物质（如醇、醚、胺、酸等），其含水量一般较大，需要的干燥剂多些。如果干燥剂吸水量较小，效能较低，需要量也较大。一般每 10mL 液体加 0.5～1g 干燥剂即可。

（3）干燥操作

图 2-5　液体的干燥

液体有机物的干燥通常在锥形瓶中进行。将已初步分离水分的液体倒入锥形瓶中，加入适量干燥剂，塞紧瓶口，轻轻振摇后静置观察，如发现液体浑浊或干燥剂粘在瓶壁上，应继续补加干燥剂并振摇，直至液体澄清后，再静置半小时或放置过夜。若干燥剂能与水发生反应生成气体，还应装配气体出口干燥管，如图 2-5 所示。可用无水硫酸铜（白色，遇水变为蓝色）检验干燥效果。加入干燥剂的颗粒大小要适中，太大，吸水缓慢、效果差，若过细，则吸附有机物多，影响收率。

2.3.3　气体物质的干燥

气体的干燥常用吸附法。常用的吸附剂是氧化铝和硅胶。氧化铝的吸水量可达到其身质量的 15%～20%，硅胶可达到 20%～30%。也可使气体通过装有干燥剂的干燥管、干燥塔或洗涤瓶进行干燥。干燥剂的选择需依气体的性质而定。一般液体（如水、浓硫酸）装在洗气瓶中，固体（如无水氯化钙、硅胶）装在干燥塔或 U 形管内。常用气体干燥剂见表 2-6。

表 2-6　常用气体干燥剂

气　体	常　用　干　燥　剂
H_2、O_2、N_2、CO、CO_2、SO_3	H_2SO_4（浓）、$CaCl_2$、P_2O_5
Cl_2、HCl、H_2S	$CaCl_2$
NH_3	CaO（CaO+KOH）
HI、HBr	CaI_2、$CaBr_2$
NO	$Ca(NO_3)_2$

干燥管或干燥塔中盛放的块状或粒状固体干燥剂不能装得太实，也不宜使用粉末，以便气流通过。

使用装在洗气瓶中的浓硫酸作干燥剂时，其用量不可超过洗气瓶容量的 1/3，通入气体的流速也不宜太快，以免影响干燥效果。

2.3.4　固体物质的干燥

固体物质的干燥是指除去残留在固体中的微量水分或有机溶剂。可根据实验需要和物质的性质不同，选择适当的干燥方法。

（1）自然晾干

对于在空气中稳定、不分解、不吸潮的固体物质，可将其放在洁净干燥的表面皿上，摊成薄层，上面盖一张滤纸，以防污染，在空气中自然晾干，此法既简便又经济。

（2）烘干

对于熔点较高且遇热不分解的固体物质，可放在表面皿或蒸发皿中，用烘箱烘干。固体有机物烘干时应注意加热温度必须低于其熔点。定量分析中使用的基准试剂或固体试剂应按实验要求的温度干燥至恒重。

（3）用干燥器干燥

对于易吸潮、易分解或易升华的固体物质，可放在干燥器内进行干燥，一般需要时间较长。干燥器是磨口的厚壁玻璃器皿，磨口处涂有凡士林，以便使其更好地密合，内有一带孔的瓷板，用以承放被干燥物品。瓷板下面装有干燥剂。常用的干燥剂有硅胶、氯化钙（可吸收微量水分）和石蜡片（可吸收微量有机溶剂）等。干燥剂吸水较多后应及时更换。

有一种干燥器的盖上带有磨口活塞，叫做真空干燥器。将活塞与真空泵连接抽真空，可使干燥速度加快，干燥效果更好。

打开干燥器时，应该一手挟住干燥器，另一手握住盖子上的手柄，沿水平方向移动盖子。盖上盖子的操作与此相同但方向相反（打开真空干燥器时，应先将盖上活塞打开充气）。温度高的物体应稍微冷却后再放入干燥器，放入后，在短时间内再把盖子打开1~2次，以免以后盖子打不开。

移动干燥器时，应以双手托住，并将两个拇指压住盖沿，以免盖子滑落打碎。

2.4　搅拌和搅拌器

搅拌是有机制备实验常见的基本操作之一。搅拌的目的是使反应物混合得更均匀，反应体系的热量容易散发和传导，反应体系的温度更加均匀，从而有利于反应的进行。特别是非均相反应，搅拌更为必不可少的操作。

搅拌的方法有两种：人工搅拌和机械搅拌。简单的、反应时间不长的，而且反应体系中放出的气体是无毒的制备实验可以用人工搅拌。比较复杂的、反应时间比较长的，而且反应体系中放出的气体是有毒的制备实验则用机械搅拌。实验室中常用的搅拌器有玻璃棒、磁力搅拌器和电动搅拌器等。

（1）玻璃棒及其使用

玻璃棒是化学实验中最常用的搅拌器具。使用时，手持玻璃棒上部，轻轻转动手腕用微力使其在容器中的液体内均匀搅动。

搅拌液体时，应注意不能将玻璃棒沿容器壁滑动，也不能朝不同方向乱搅使液体溅出容器外，更不能用力过猛以致击破容器。

（2）磁力搅拌器

磁力搅拌器又叫电磁搅拌器。使用时，在盛有溶液的容器中放入转子（密封在玻璃或合成树脂内的强磁性铁条），将容器放在磁力搅拌器上。通电后，底座中的电动机使磁铁转动，所形成的磁场使置于容器中的转子跟着转动，转子又带动了溶液的转动，从而起到搅拌作用。

带有加热装置的磁力搅拌器，可在搅拌的同时进行加热，使用十分方便。使用磁力搅拌器时应注意以下几点。

① 转子要沿器壁缓慢放入容器中。

② 搅拌时应逐渐调节调速旋钮，速度过快，会使转子脱离磁铁的吸引。如出现转子不停跳动的情况时，应迅速将旋钮调到停位，待转子停止跳动后再逐步加大转速。

③ 实验结束后，应及时清洗转子。

磁力搅拌适用于溶液量较小、黏度较低的情况。如果溶液量较大或黏度较高，则可选用电动搅拌器进行搅拌。

（3）电动搅拌器

对于需要快速和长时间的搅拌，在实验室中，常采用电动搅拌器。它由四部分构成。

① 动力部分：常采用的动力为电动机。电动搅拌器可以通过调节电压，改变转速。

② 搅拌器：搅拌器一般是由玻璃或镍铬丝制成，根据搅拌剧烈强度，可以采用不同的形式。常用的形式如图 2-6 所示。

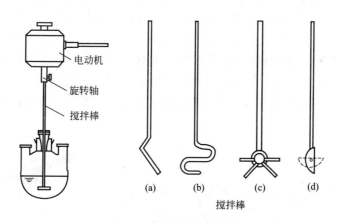

图 2-6　常用搅拌器形式

③ 密封部分：用以连接搅拌器的最简单的密封，是用一段短的软橡皮套住塞子上的玻璃管和搅拌器的玻璃棒，也可用液封管密封（见图 2-7）。搅拌棒与玻璃管或液封管的软木塞或橡皮塞的孔必须钻得光滑笔直。

④ 反应器：反应器通常为三口烧瓶，中间的口装搅拌器，两侧的口中，一口装温度计或滴液漏斗，一口装回流冷凝器。

机械搅拌装置的安装比较复杂，需要认真地进行。一般先根据所需要的高度固定电动机的高度，然后用橡皮管把已插入封管中的搅拌棒连接到轴上，再小心

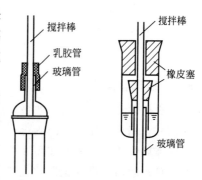

图 2-7　常用密封装置

地将三口瓶套上去至搅拌棒下端距瓶底约 5mm，将三口瓶用烧瓶夹固定。最后检查这几件仪器安装得是否正直、稳固，搅拌器、马达的轴与搅拌棒应在同一直线上（从正

面和侧面检查）。仪器安装好以后，试验运转情况。先用手转动搅拌棒，检查转动是否灵活，再以低速开动搅拌器，试验运转情况。当搅拌棒与封管之间不发出摩擦声，转速稳定才能认为仪器装配合格，否则需要进行调整。最后装上冷凝管和滴液漏斗（或温度计），用夹子夹紧。

用橡皮管密封时，在搅拌棒和橡皮管之间可用少量凡士林或甘油润滑。用液封管时，可在封管中装液体石蜡、甘油或浓硫酸、汞等。

2.5 简单玻璃工操作

在化学实验中，经常遇到对玻璃管进行加工的问题，如自己动手用玻璃管制作弯管、滴管、毛细管等，因而熟悉简单的玻璃工操作，是必备的基本实验技术之一。

2.5.1 玻璃管的切割

玻璃管的切割操作，一是锉痕，二是折断。

锉痕用的工具是小三角钢锉，如果没有小三角钢锉，可用新敲碎的瓷碎片。锉痕的操作是：选择干净、粗细合适的玻璃管，平放在台面上，左手的拇指按住玻璃管要截断的地方，右手执小三角钢锉，把小三角钢锉的棱边放在要截断的地方，用力锉出一道凹痕，凹痕约占管周的 1/6，锉痕时只向一个方向即向前或向后锉去，不能来回拉锉。

当锉出了凹痕之后，下一步就是把玻璃管折断，两手分别握住凹痕的两边，凹痕向外，两个拇指分别按在凹痕的前面的两侧，用力急速轻轻一压带拉，就在凹痕处折成两段，如图 2-8 所示。为了安全起见，常用布包住玻璃管，同时尽可能远离眼睛，以免玻璃碎粒伤人。玻璃管的断口很锋利，容易划破皮肤，又不易插入塞子的孔道中，所以，要把断口在灯焰上烧平滑。

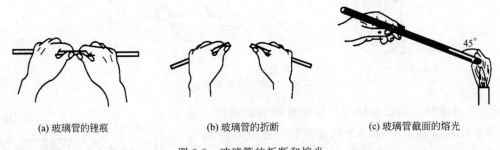

(a) 玻璃管的锉痕   (b) 玻璃管的折断   (c) 玻璃管截面的熔光

图 2-8 玻璃管的折断和熔光

2.5.2 玻璃管的弯曲

有机化学实验常常用到曲玻璃管，它是将玻璃管放在火焰中受热至一定温度时，逐渐变软，离开火焰后，在短时间内进行弯曲至所需要的角度而得的。

曲玻璃管弯制的操作如图 2-9 所示，双手持玻璃管，手心向外把需要弯曲的地方放在火焰上预热，然后放进鱼尾形的火焰中加热，受热的部分宽约 5cm，在火焰中使玻璃管缓慢、均匀而不停地向同一个方向转动，如果两个手用力不均匀时，玻璃管就会在火焰中扭歪，造成浪费，当玻璃管受热至足够软化时（玻璃管色变黄！）即从火焰中取出，逐渐弯成所需要的角度，为了维持管径的大小，两手持玻璃管在火焰中加热尽量不要往外拉，其次可在弯成角度之后，在管口轻轻吹气（不能过猛！），弯好的玻璃从管的整体来看应尽量在同一平面内。然后放在石棉板上自然冷却，不能立即和冷的物件接触，例如，不能放在实验台的瓷板上，因为骤冷会使已弯好的曲玻璃管破裂，造成浪费。检查弯好的玻璃管的外形，如图 2-9 （c）所示的为合用。

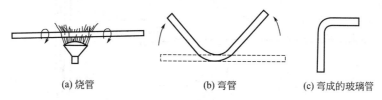

(a) 烧管　　　　　　　　(b) 弯管　　　　　　　(c) 弯成的玻璃管

图 2-9　弯曲玻璃管的操作

加工后的玻璃管应及时地进行退火处理，方法是将经高温熔烧的玻璃管，趁热在弱火焰中加热或烘烤片刻，然后慢慢地移出火焰，再放在石棉网上冷却至室温。不经退火的玻璃管质脆易碎。

2.5.3　滴管的拉制

选取粗细、长度适当的干净玻璃管，两手持玻璃管的两端，将中间部位放入喷灯火焰中加热，并不断地朝一个方向慢慢转动，使之受热均匀，如图 2-10（a）所示。避免玻璃管熔化后，由于重力作用而造成的下垂，等玻璃管烧至发黄变软时，立即离开火焰。两手以同样速度转动玻璃管，同时慢慢向两边拉伸，直到其粗细程度符合要求时为止。

拉出的细管应与原来的玻璃管在同一轴线上，不能歪斜，如图 2-10（b）所示。待冷却后，从拉细部分中间切断，得到两根玻璃滴管，将尖嘴在弱火焰中烧圆，将粗的一端烧熔，在石棉网上垂直下压，使端头直径稍微变大，配上橡皮乳头，即得两根滴管。

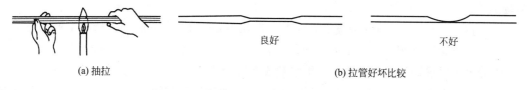

(a) 抽拉　　　　　　　　　　　　　(b) 拉管好坏比较

图 2-10　滴管的拉制

2.5.4　熔点管和沸点管的拉制

这两种管子的拉制实质上就是把玻璃管拉细成一定规格的毛细管。拉制的步骤如下。

把一根干净的直径 $0.8 \sim 1 cm$ 的玻璃管，拉成内径 $1 \sim 1.5 mm$ 和 $3 \sim 4 mm$ 的两种毛细管，然后将直径 $1 \sim 1.5 mm$ 的毛细管截成 $15 \sim 20 cm$ 长，把此毛细管的两端在小火上封闭，当要使用时，在这根毛细管的中央切断，这就是两根熔点管。

关于玻璃管拉细的操作是：两肘搁在桌面上，用两手执住玻璃管的两端，掌心相对，加热方法和曲玻璃管的弯制相同，只不过加热程度要强一些，等玻璃管被烧成红黄色时，才从火焰中取出，两肘仍搁在桌面上，两手平稳地沿水平方向做相反方向移动，一直拉开至所需要的规格为止。

沸点管的拉制，是将直径 $3 \sim 4 mm$ 的毛细管截成 $7 \sim 8 cm$ 长，在小火上封闭其一端，另将直径约为 $1 mm$ 的毛细管截成 $8 \sim 9 cm$ 长，封闭其一端，这两根毛细管就可组成沸点管了。如图 2-11 所示。

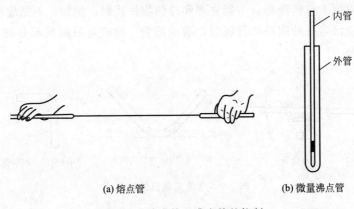

(a) 熔点管　　　　　　　　(b) 微量沸点管

图 2-11　熔点管和沸点管的拉制

实验 2.1　简单玻璃工操作

> **知识目标：**
> - 学习简单玻璃工操作方法。
>
> **能力目标：**
> - 能安全、熟练地使用酒精喷灯；
> - 可以制作几种简单的玻璃器具。

【实验仪器】

酒精喷灯，扁锉，镊子，石棉网，玻璃管和玻璃棒。

【实验步骤】

领取直径 7mm、长 1.4m 的玻璃管 3 根，直径 5mm、长 0.5mm 的玻璃棒 1 根，长 40～50cm 的薄壁玻璃管 2 根，完成下列工作。

① 按操作要求练习切割玻璃管，将之截成数等份。

② 用直径 7mm 的玻璃管制作总长度为 150mm 的滴管，其粗端长为 120mm，细端内径为 1.5～2.0mm，长 30～40mm。粗端烧软后在石棉网上按一下，外缘凸出，便于装乳头胶帽。

③ 用直径 10mm 的薄壁管拉制成长 150mm、直径 1mm 两端封口的毛细管 10 根。

④ 用 3 根直径为 7mm 的玻璃管制作 30°、75°和 90°角的玻璃弯管各一支。

【思考题】

① 切割、弯曲玻璃管和控制毛细管时应注意哪些问题？

② 玻璃管加工完毕为什么要退火？

2.6　有机化合物物理常数的测定

2.6.1　有机化合物熔点的测定及温度计的校正

每一个纯的固体有机化合物都具有一定的熔点，熔点是固体有机化合物最重要的物理常数之一，不仅可以用来鉴定固体有机化合物，同时可鉴别未知物，或判断其纯度。

2.6.1.1　基本原理

物质的熔点为固液两态在大气压下达成平衡时的温度。一个纯化合物从开始熔化（始熔）至完全熔化（全熔）的温度范围称为熔点距，也称熔点范围或熔程，一般为 $0.5 \sim 1\,℃$。当含有杂质时，会使其熔点下降，且熔程也较长。

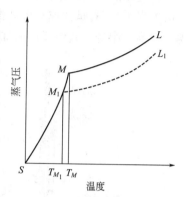

如何理解这种性质呢？可以从分析物质的蒸气压与温度的关系曲线入手。在图 2-12 中，曲线 SM 表示一种物质固相的蒸气压和温度的关系，曲线 ML 表示液相的蒸气压与温度的关系，由于 SM 的变化大于 ML，两条曲线相交于 M，在交叉点 M 处，这时的温度 T_M 为该物质的熔点。只有在此温度时，固液两相蒸气压一致，固液两相平衡共存，这就是为何纯物质有固定熔点的原因。一旦温度超过 T_M，即使很小的变化，只要有足够的时间，固体就可以全部变为液体。所以要精确测定熔点，在接近熔点时升温的速率不能快，以每分钟上升 $1\,℃$ 左右为宜。只有这样，才能使熔化过程尽可能接近于两相平衡状态。

图 2-12　物质的蒸气压
和温度的关系

当含杂质时（假定两者不形成固溶体），根据拉乌尔定律可知，在一定的压力和温度条件下，在溶剂中增加溶质，导致溶剂蒸气分压降低（见图 2-12 中 $M_1 L_1$），固液两相交点 M_1 即代表含有杂质化合物达到熔点时的固液相平衡共存点，T_{M_1} 为含杂质时的熔点，显然，此时的熔点较纯物质低。应当指出，如有杂质存在，在熔化过程中固相和液相平衡时的相对量在不断改变，因此两相平衡不是一个温度点 T_{M_1}，而是从最低共熔点（与杂质能共同结晶成共熔混合物，其熔化的温度称为最低共熔点）到 T_{M_1} 一段。这说明杂质的存在不但使初熔温度降低，而且使熔程变长，因此测熔点一定要记录初熔和全熔的温度。

2.6.1.2　测定熔点的方法

（1）毛细管测定熔点

① 熔点管的制作。取长 $60 \sim 70\,mm$、直径 $1 \sim 1.5\,mm$ 的毛细管，用小火将一端封口，作为熔点管。

② 样品的装入。放少许（约 $0.1\,g$）待测熔点的干燥样品于干净的表面皿上，研成粉末并集成一堆，将熔点管开口端向下插入粉末中，然后将熔点管开口端朝上轻轻在实验台面上敲击，或取一支长 $30 \sim 40\,cm$ 的干净玻璃管，直立于表面皿上，将熔点管从玻璃管上端自由落下，使粉末样品紧密装填在熔点管下端，如此反复数次直到熔点管内样品高度 $2 \sim 3\,mm$，每种样品装 $2 \sim 3$ 根。装入样品如有空隙，则传热不均匀，影响测定结果。沾于管外的粉末需拭去，以免沾污加热液体。

③ 加热装置。加热装置的设计关键是要使其受热均匀，便于控制和观察温度。实验室常用的是提勒管和双浴式两种。

a. 提勒管。又称 b 形管，如图 2-13（a）所示。管口装有开口塞，温度计插入其中，刻度面向塞开口，其水银球位于 b 形管上下两叉管口之间，装好样品的熔点管借少许溶液黏附于（或用橡皮圈固定）温度计下端，使装有样品的部分置于水银球侧面中部。b 形管中装入加热液体（浴液），高度高于上叉管口即可。

b. 双浴式。如图 2-13（b）所示。将试管经开口塞插入 $250\,mL$ 平底或圆底烧瓶内，直至离瓶底约 1cm 处，试管口也配一个开口塞插入温度计，其水银球距试管底 0.5cm。瓶内装入约占烧瓶 2/3 体积的加热液体，试管内也放入一些加热液体，使其在插入温度计后，液面高度与瓶内相同，熔点管也按图 2-13（a）附于温度计上。

测定熔点时，根据样品的熔点选择加热介质。220℃以下可采用浓硫酸，亦可采用磷酸（300℃以下）、石蜡油或有机硅油等。220～320℃范围内可采用 7：3 的浓硫酸和硫酸钾。若温度再高，则选用其他适用的加热介质或加热方式。

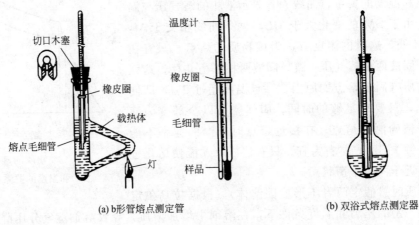

切口木塞
橡皮圈
载热体
熔点毛细管
灯

温度计
橡皮圈
毛细管
样品

(a) b 形管熔点测定管　　　　(b) 双浴式熔点测定器

图 2-13　熔点测定装置

④ 熔点的测定。将 b 形管垂直夹在铁架台上，然后将固定有熔点管的温度计小心地插入热浴中。以小火在 b 形管弯曲支管的底部加热 [见图 2-13（a）]。开始时升温速率可稍快，当热浴温度距所测样品熔点 10～15℃时，放慢加热速率，大约保持在每分钟升高 1～2℃，愈接近熔点升温速率愈慢，每分钟 0.2～0.3℃，升温速率是测得准确结果的关键。这样才可有充分时间传递热量，使固体熔化又可准确及时观察到样品的变化和温度计所示读数。记下样品开始塌落并有液体相产生（初熔）和固体完全消失时（全熔）的温度计读数，即为该化合物的熔程，熔化过程如图 2-14 所示。加热过程应注意观察是否有萎缩、软化、放出气体以及分解现象。

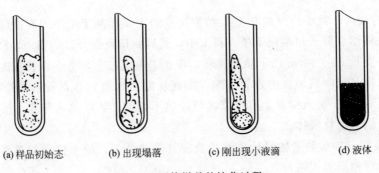

(a) 样品初始态　　(b) 出现塌落　　(c) 刚出现小液滴　　(d) 液体

图 2-14　固体样品的熔化过程

熔点测定至少应有两次重复数据。第二次测定时，必须待浴液温度降低至熔点以下 20℃左右。每次测定必须用新的熔点管重新装样，不得将已测过的熔点管冷却，使样品固化后再做第二次测定。因为有时某些化合物部分分解，有些经加热会转变为具有不同熔点的其他结晶形式。

如果测定未知物的熔点，应先对样品粗测一次，加热可稍快，测得样品大致的熔程后，第二次再做准确的测定。

熔点测定后，温度计的读数需对照校正图进行校正。

要等熔点浴冷却后，方可将加热液倒回瓶中。温度计冷却后，用纸擦去热液方可用水冲洗，以免温度计水银球破裂。

对于易升华的化合物，可将装有样品的熔点管上端封闭后，全部浸入加热液中进行测定。

对于易吸潮的化合物，应尽快装样，并立即将熔点管上端封闭，以免测定过程中吸潮影响结果。

（2）显微熔点测定仪测定熔点

毛细管法测定熔点，优点是简单、方便，但不能观察晶体在加热过程中的变化。为了克服这一缺点，可采用显微熔点测定仪。

显微熔点测定仪可测量微量样品（2～3 颗小粒晶体），测量熔点为室温～300℃的样品，可观察晶体在加热过程中的变化情况，如升华、分解等。这类仪器型号较多，图 2-15 为其中的一种，具体操作如下。

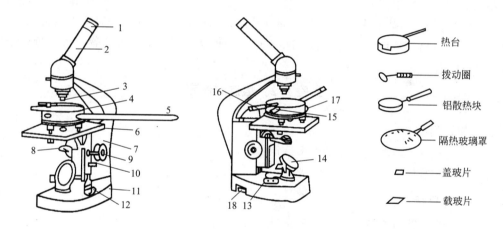

图 2-15　显微熔点测定仪示意

1—目镜；2—棱镜检偏部件；3—物镜；4—热台；5—温度计；6—载热台；7—镜身；
8—起偏振件；9—粗动手轮；10—止紧螺丝；11—底座；12—波段开关；13—电位器旋钮；
14—反光镜；15—拨动圈；16—上隔热玻璃；17—地线柱；18—电压表

将研细微量样品放在两片洁净的载片玻璃之间，放在加热台上。调节镜头，使显微镜焦点对准样品，从而从镜头中可看到晶体外形。开启加热器，调节加热速率，当接近样品熔点时，控制温度使每分钟上升 1～2℃。当样品的结晶棱角开始变圆时，是熔化的开始，温度为初熔温度。结晶形状完全消失时的温度为全熔温度。

测定熔点后，停止加热，稍冷，用镊子拿走载玻片，将一厚铝板盖放在热板上，加快冷却，然后清洗载玻片以备再用。

2.6.1.3　温度计的校正

用上述方法测定熔点时，熔点的读数与实际熔点之间常有一定的差距，原因是多方面的，温度计的影响是一个重要因素。温度计刻度划分为全浸式和半浸式两种，全浸式温度计的刻度是在温度计的汞线全部均匀受热的情况下刻出来的，而在测熔点时仅有部分汞线受热，因而露出来的汞线温度当然较全部受热者为低。另外长期使用的温度计，玻璃也可能发生形变使刻度不准。为了校正温度计，可选一套标准温度计与之比较。通常也可采用纯有机化合物的熔点作为校正的标准。通过此法校正的温度计，上述误差可以消除。校正时只要选择数种已知熔点的纯有机化合物作为标准，以实测的熔点为纵坐标，实测的熔点与标准熔点（文献值）的差值为横坐标作图，可得校正曲线。利用该曲线可直接读出任一温度的校正值。

用熔点方法校正温度计的标准化合物的熔点如表 2-7 所示，校正时可具体选择其中几种。

表 2-7　校正温度计用的标准样品

样品名称	熔点/℃	样品名称	熔点/℃
水-冰	0	D-甘露醇	168
对二氯苯	53.1	对苯二酚	173～174
对二硝基苯	174	马尿酸	18
邻苯二酚	105	对羟基苯甲酸	214.5～215.58～189
苯甲酸	122.4	蒽	216.2～216.4
水杨酸	159		

零点的确定最好用蒸馏水和纯冰的混合物，在一个 15cm×2.5cm 的试管中放入蒸馏水 20mL，将试管浸在冰盐浴中，至蒸馏水部分结冰，用玻璃棒搅动使之成冰-水混合物，将试管从冰盐浴中移出，然后将温度计插入冰-水中，用玻璃棒轻轻搅动混合物，到温度恒定2～3min 后再读数。

实验 2.2　熔点的测定

> **知识目标：**
> - 学习熔点的测定原理及操作方法；
> - 掌握熔点仪的操作方法。
>
> **能力目标：**
> - 能利用毛细管法测定熔点。

【实验原理】

见 2.6.1 节。

【实验仪器和试剂】

仪器：提勒管（b 形管），毛细管。

试剂：乙酰苯胺（熔点 114～115℃），苯甲酸（熔点 121～122℃），水杨酸（熔点158～159℃），肉桂酸（熔点 132～133℃），未知物。

用浓硫酸或液体石蜡作加热介质。

【实验要求】

首先测定已知物的熔点，每个样品至少有两次平行结果。然后取未知物测定其熔点。

【思考题】

① 测熔点时，若有下列情况将产生什么结果？

a. 熔点管壁太厚。

b. 熔点管底部未完全封闭，尚有一针孔。

c. 熔点管不洁净。

d. 样品未完全干燥或含有杂质。

e. 样品研得不细或装得不紧密。

f. 加热太快。

② 是否可以使用第一次测熔点时已经熔化了的有机样品再做第二次测定？为什么？

③ 测定熔点有什么意义？

④ 已测得甲、乙两样品的熔点均为 130℃，将它们以任何比例混合后测得的熔点仍为 130℃，这说明什么问题？

⑤ 加热快慢为何影响熔点？在什么情况下加热可以快一些，在什么情况下加热则要慢一些？

2.6.2　有机化合物沸点的测定

沸点是液体有机化合物重要的物理常数之一，在使用、分离和纯化液体有机化合物的过程中具有重要意义。

2.6.2.1　实验原理

当液态化合物受热时，其蒸气压将随温度的升高而增大。当液体的蒸气压与外界气压相等时，液体开始沸腾，此时的温度称为该液体的沸点。在一定压力下，纯液体的化合物都有一定的沸点，而且沸程也很小，一般为 1～2℃。

沸点的测定有常量法和微量法两种。常量法的装置和操作方法与蒸馏操作相同。液体不纯时沸程很长，在这种情况下无法确定液体沸点，应先把液体用其他方法提纯后再进行测定。如果提供的液体不足以做沸点的常规测定（溶液的量在 10mL 以下），应采用微量法测定沸点。沸点的微量测定法很多，这里介绍最常用的方法。

2.6.2.2　微量法测定沸点

取一根长 10～15cm、直径为 4～5mm 的细玻璃管，用小火封闭一端作为沸点管的外管，向其中加 2～3 滴待测液体。把一根测熔点用的毛细管开口向下放入这个外管中，用橡皮圈将沸点管固定在温度计上［见图 2-16 (a)］，然后放入提勒管中［见图 2-16 (b)］，做好一切准备后开始加热提勒管。开始时有小气泡从毛细管中逸出。继续以稳定的速率升温，每分钟上升 4～5℃，直到有连续和迅速的气泡流从毛细管的下口逸出，停止加热，让体系慢慢冷却，产生气泡速率亦随之减慢。当气泡完全停止产生，液体开始流回毛细管的一瞬间（即最后一个气泡刚欲缩回至毛细管中时），毛细管内的蒸气压与外界压力相等，记下温度，即为该液

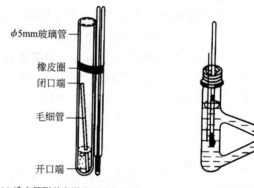

（a）沸点管附着在温度计上的位置　　（b）b形管测沸点装置

图 2-16　微量法测定沸点的装置

体样品的沸点。待温度下降 15～20℃后，可重新加热再测一次（两次所得数值不得相差 1℃）。

影响沸点测定的主要因素是温度计的准确性以及大气压的影响。在测定未知样品的沸点

时，为了得到可靠的实验结果，需用标准品做对照实验的方法来进行校正。在大多数情况下，准确度可达 0.5～0.1℃，而无需复杂的仪器。此法的进行方式如下：按上述的方法测定未知物的沸点，紧接着用同样的方法测定一个标准样品（见表 2-8）的沸点，此标准样品的结构及沸点都应与待测样品最为接近。将实验条件下所测出的标准样品的沸点与标准样品在标准压力下的沸点之间的差值作为待测样品沸点的校正值。

表 2-8　测定沸点用的标准样品

化合物	沸点/℃	化合物	沸点/℃
溴乙烷	38.3	环己醇	161.1
丙酮	56.2	苯胺	184.1
氯仿	61.2	苯甲酸甲酯	199.5
四氯化碳	76.5	硝基苯	210.8
苯	80.1	水杨酸甲酯	223.3
水	100.0	对硝基甲苯	238.5
甲苯	110.8	二苯甲烷	264.4
氯苯	132.2	α-溴萘	281.2
溴苯	156.4	二苯酮	305.9

例如，某一化合物在 84.5℃沸腾，在相同实验条件下，与它结构相近、沸点相近的标准参考样品苯的沸点是 79.5℃。由表 2-8 查知，苯在标准压力下的沸点是 80.1℃，因此该化合物校正到标准压力下的沸点应该是 84.5＋0.6＝85.1℃。

2.6.3　折射率的测定

折射率是有机化合物最重要的物理常数，它能精确而方便地被测出来。作为液体物质纯度的标准，它比沸点更为可靠，利用折射率，可鉴定未知化合物。

折射率也用于确定混合物的组成。在蒸馏两种或两种以上的液体混合物且当各组分的沸点彼此接近时，则可利用折射率来确定馏分的组成。因为当各组分的结构相似和极性小时，混合物的折射率和组分物质量之间常呈线性关系。

2.6.3.1　实验原理

光在两个不同介质中的传播速率是不同的。光从一种介质进入另一介质时，当它的传播方向与两个介质的界面不垂直时，光的传播方向会发生改变，这种现象称为光的折射。根据折射定律，波长一定的单色光线在确定的外界条件（温度、压力等）下，从介质 A 进入到另一介质 B 时，入射角为 α，折射角为 β，如图 2-17 所示。若介质 A 为空气，将其作为标准物质，则折射率：

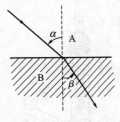

图 2-17　光的折射

$$n = \frac{\sin\alpha}{\sin\beta}$$

物质的折射率与物质的结构和光线的波长有关，而且也受温度和压力等因素的影响。所以表示折射率需注明所用的光线和测定时的温度，常用 n_D^t 表示。D 表示波长为 589nm 的钠光，t 表示测定时的温度。在许多有机物中，当温度升高 1℃，折射率就下降 0.0004；但当温度相差太悬殊时，往往不完全准确。压力对折射率的影响不很明显，所以只有在要求很精密时，才考虑压力的影响。

折射率用折光仪测定。有机化学实验室中所用的标准仪器是阿贝折光仪，有单筒和双筒两种，其构造如图 2-18 所示。

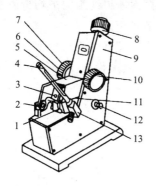
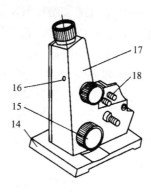

图 2-18　阿贝折光仪结构示意

1—反射镜；2—转轴；3—遮光板；4—温度计；5—进光棱镜座；6—色散调节手轮；
7—色散值刻度圈；8—目镜；9—盖板；10—手轮；11—折射棱镜座；12—照明刻度盘聚光镜；
13—温度计座；14—底座；15—刻度调节手轮；16—小孔；17—壳体；18—恒温器接头

为测定 β 值，阿贝折光仪采用了"半明半暗"的方法，就是让单色光从 $0°\sim90°$ 的所有角度由介质 A 射入介质 B，这时介质 B 中折射角以内的整个区域都有光线通过，是明亮的；而折射角以外的全部区域都没有光线通过，是黑暗的，明暗两区域的界线清楚。从目镜观察，可以看到界线清晰的半明半暗的现象，如图 2-19（a）所示。

介质不同，折射角也不同，目镜中明暗两区的界线位置也不一样。在目镜中刻有一个十字交叉线，调整介质 B 与目镜的相对位置，使明暗两区的交界线总是通过十字交叉线的交点［见图 2-19（b）］。通过测定相对位置（角度），经过换算，便可得到折射率。从阿贝折光仪的标尺刻度可直接读出经换算后的折射率。

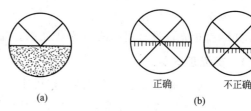

正确　　不正确

(a)　　(b)

图 2-19　折光仪测定半明半暗现象

阿贝折光仪有消色散系统，可直接使用日光，所测折射率同使用钠光光源一样。

2.6.3.2　仪器的操作步骤

用阿贝折光仪测定有机化合物的折射率时，基本操作如下。

① 将折光仪置于光源充足的桌面上，记录温度计所示温度。

② 旋开棱镜的锁紧扳手打开棱镜，用干净的脱脂棉球蘸少许洁净的丙酮，单方向擦洗反射镜和进光棱镜（切勿来回擦）。

③ 待溶剂挥发干后，用滴管将待测液体滴加到进光棱镜的磨砂面上 2～3 滴，关紧棱镜，使液体夹在两棱镜的夹缝中呈一液层，液体要充满视野，无气泡。若被测液体是易挥发物，则在测定过程中，需从棱镜侧面的小孔注加样液，保证样液充满棱镜夹缝。

④ 打开遮光板，合上反射镜，调节目镜视度，使十字线成像清晰，旋转刻度调节手轮并在目镜视场中找到明暗分界线的位置，再转动色散调节手轮使分界线不带任何色彩，微调刻度调节手轮，使明暗分界线对准十字线的中心［见图 2-19（b）］，再适当转动聚光镜，使视场清晰。从镜筒读出折射率。

⑤ 测定完毕后，用洁净柔软的脱脂棉或镜头纸，将棱镜表面的样品揩去，再用蘸有丙酮的脱脂棉球轻轻朝一个方向擦干净。待溶剂挥发干后，关上棱镜。在测定样品之前，对折

光仪应进行校正。通常是测纯水的折射率,将重复两次所得纯水的平均折射率与其标准值比较。校正值一般很小,若数值太大,整个仪器应重新校正。

若需测量在不同温度时的折射率,将温度计旋入温度计座中,接上恒温器的通水管,把恒温器的温度调节到所需测量温度,接通循环水,待温度稳定 10min 后即可测量。如果温度不是标准温度,可根据下列公式计算标准温度下的折射率:

$$n_D^{20} = n_D^t - 0.00045(t-20)$$

式中,t 为测定时的温度;D 为钠光灯 D 线波长(589nm)。

2.6.3.3 注意事项

① 使用折光仪前后都应仔细认真地擦洗棱镜面,并待晾干后再关闭棱镜。

② 折光仪的棱镜必须注意保护,不得被镊子、滴管等用具造成刻痕。不能测定强酸、强碱等有腐蚀性的液体。

③ 仪器在使用和储藏时均不得置于日光照射下或靠近热的地方,用完后必须将金属匣内水倒净,并封闭管口。然后将仪器装入木箱,置于干燥处保存。

④ 大多数有机物液体的折射率在 1.3000～1.7000 之间,若不在此范围内,就看不到明暗界面,所以不能用阿贝折光仪测定。

2.6.3.4 思考题

① 为什么液体的折射率总在 1.3000～1.7000 之间而不会是 1?

② 擦洗棱镜时应注意什么?

③ 阿贝折光仪没有用钠的 D 光作光源,为什么结果却相同?

2.6.4 旋光度的测定

自然光在与其传播方向垂直的一切可能方向振动,当光通过一种特制的尼科尔棱镜(由冰洲石制成,其作用像一个栅栏)时,只有在与棱镜晶轴平行的平面上振动的光可以通过,在一个平面上振动的光叫做平面偏振光,简称偏振光。

偏振光通过具有旋光性的物质时,会使偏振光的振动平面发生一定角度的旋转,所旋的角度叫做旋光度。

通过测定物质的旋光度,可以鉴定旋光性物质的结构,确定其纯度或溶液的浓度等。测量旋光度的仪器叫做旋光仪。

2.6.4.1 旋光仪的构造原理

旋光仪的基本结构如图 2-20 所示,其主要部件为起偏镜和检偏镜。

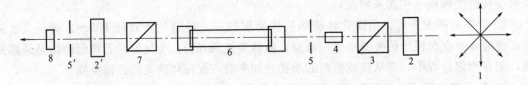

图 2-20　旋光仪光路系统示意图

1—钠光灯光源;2,2′—透镜;3—起偏镜;4—石英片;5,5′—光栅;6—旋光管;7—检偏镜;8—目镜

起偏镜,又称为第一尼科尔棱镜,其作用是将各向振动的可见光变成偏振光。检偏镜,又称为第二尼科尔棱镜,用来测定偏振光的旋转角度,它随着刻度盘一起转动。

当两块尼科尔棱镜的晶轴互相平行时,偏振光可以全部通过,当在两棱镜之间的旋光管放入旋光性物质溶液时，由于旋光性物质使偏振光的振动平面旋转了一定角度，所以偏振光就不能通过第二块棱镜（即检偏镜）。只有将检偏镜也相应旋转一定角度后，才能使偏振光全部通过。此时，检偏镜旋转的角度就是该旋光性物质的旋光度，常用符号 α 来表示。如果旋转方向是顺时针，称为右旋，α 取正值；反之称为左旋，α 取负值。

为了提高观测的准确性，在起偏镜后装有一块石英片，使目镜中能观察到三分视场。如图 2-21 所示。

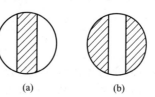

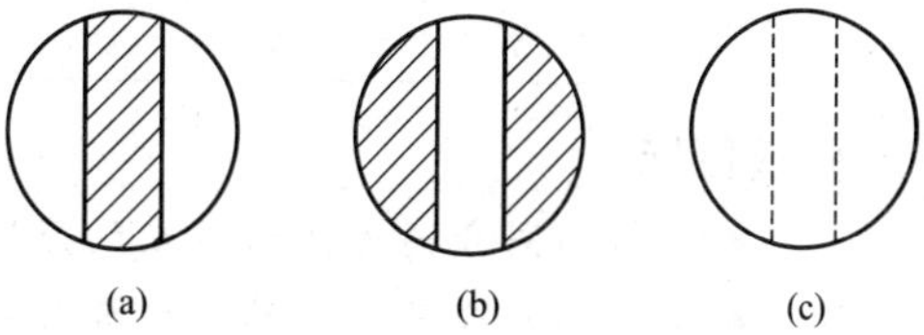

其中图 2-21（a）视场中间暗，两边亮；图 2-21（b）视场中间亮，两边暗；图 2-21（c）视场中明暗相等，三分视场界线消失，选择这一视场作为测量零点，在测定旋光度读数时均以它为标准。

图 2-21　三分视场

2.6.4.2　旋光度的测定

（1）仪器预热

先接通电源，开启旋光仪上的电源开关，预热 5min，使钠光灯发光强度稳定。

（2）零点校正

将旋光管用蒸馏水冲洗干净，再装满蒸馏水，旋紧螺帽，擦干外壁的水分后，放入旋光仪中。转动刻度盘，使目镜中三分视场界线消失，观察刻度盘的读数是否在零点处，若不在零点，说明仪器存在零点误差，需测量三次取平均值作为零点校正值。

（3）样品测定

取出旋光管，倒出蒸馏水，用待测溶液洗涤 2～3 次。在旋光管中装满该待测溶液，擦干管壁后放入仪器中。转动刻度盘，使目镜中三分视场消失（与零点校正时相同），记录此时刻度盘的读数，加上（或减去）校正值即为该溶液的旋光度。

（4）结束测定

全部测定结束后，取出旋光管，倒出溶液，洗净备用。关闭旋光仪电源。

2.6.4.3　测量注意事项

① 旋光仪的各镜面应保持清洁，要防止酸、碱、油污等的玷污。

② 有时虽然目镜中三分视场消失，但所观察到的视场十分明亮，且无论向左或向右旋转刻度盘，都不能立即出现三分视场，这种现象称为"假零点"，此时不能读数。

③ 旋光管中盛装待测液体（含蒸馏水）时，不能有气泡，否则会影响测定结果的准确性。

④ 测定前，需将旋光仪透镜及旋光管两端的镜片用镜头纸擦拭干净，以免影响观测效果。

第 3 章　有机化合物基本分离技术

知识目标：
- 了解不同分离方法所适应的范围；
- 掌握一般分离方法的基本操作；
- 掌握蒸馏、分馏、重结晶、萃取及升华的原理。

能力目标：
- 能操作蒸馏、分馏、重结晶、萃取及升华装置并处理出现的问题；
- 能解释分离操作过程中出现的现象和问题。

自然界获取或合成得到的物质绝大部分是混合物，往往需要采用适当的分离技术加以分离才能获得较为纯净的物质。为了在分离过程中不破坏混合物中各物质的结构和性质，一般根据各物质的不同物理性质采用不同的物理分离方法来达到分离和提纯的目的。常用的分离方法有蒸馏、分馏、重结晶法、萃取和升华等。

3.1　蒸馏

蒸馏是分离和提纯液态物质的最重要的方法。最简单的蒸馏是通过加热使液体沸腾，产生的蒸气在冷凝管中冷凝下来并被收集在另一容器中的操作过程。液体分子由于分子运动有从表面逸出的倾向，这种倾向随温度的升高而加大，这就造成了液体在一定的温度下具有一定的蒸气压，蒸气压与体系存在的液体和蒸气的绝对量无关。当液体的蒸气压与外界压力相等时，液体沸腾，即达到沸点。每种纯液态化合物在一定压力下具有固定的沸点。根据不同的物理性质将蒸馏分为普通蒸馏、水蒸气蒸馏和减压蒸馏。

3.1.1　简单蒸馏

简单蒸馏可用于测定液体化合物的沸点，提纯或除去不挥发性物质，回收溶剂或蒸出部分溶剂以浓缩溶液，更主要用于分离液体混合物。由于很多有机物在 150℃ 以上已显著分解，而沸点低于 40℃ 的液体用简单蒸馏操作又难免造成损失，故简单蒸馏主要用于沸点为 40～150℃ 之间的液体分离，同时简单蒸馏只是进行一次蒸发和冷凝的操作，因此被分离的混合物中各组分的沸点通常相差 30℃ 以上时才能达到有效的分离。

（1）简单蒸馏装置

目前普遍使用的简单蒸馏装置见图 3-1。

由图 3-1 可知，所用仪器主要包括以下四部分。

① 汽化部分：由圆底蒸馏烧瓶、蒸馏头、温度计组成。液体在瓶内受热汽化，蒸气经蒸馏头侧管进入冷凝器中，蒸馏烧瓶的大小一般选择待蒸馏液体的体积不超过其容量的 1/2，也不少于 1/3。

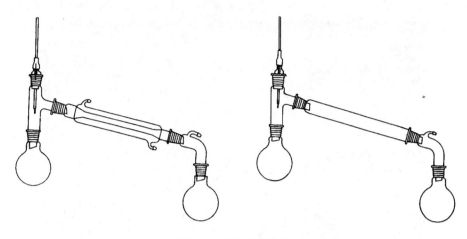

图 3-1　简单蒸馏装置

② 冷凝部分：由冷凝管组成，蒸气在冷凝管中冷凝成为液体，当液体的沸点高于 140℃时选用空气冷凝管，低于 140℃时则选用水冷凝管（通常采用直形冷凝管而不采用球形冷凝管）。冷凝管下端侧管为进水口，上端侧管为出水口，安装时应注意上端出水口侧管应向上，保证套管内充满水。

③ 接受部分：由接液管、接受器（圆底烧瓶或梨形瓶）组成，用于收集冷凝后的液体，当所用接液管无支管时，接液管和接受器之间不可密封，应与外界大气相通。

④ 热源：当液体沸点低于 80℃时通常采用水浴，高于 80℃时采用封闭式的控温电加热器。

（2）操作要点

安装的顺序一般是先从热源处开始，然后由下而上，从左往右依次安装。

① 以热源高度为基准，用铁夹夹在烧瓶瓶颈上端并固定在铁架台上。

② 装上蒸馏头和冷凝管，使冷凝管的中心线和蒸馏头支管的中心线成一直线，然后移动冷凝管与蒸馏头支管紧密连接起来，在冷凝管中部用铁架台和铁夹夹紧，再依次装上接液管和接受器。整个装置要求准确端正，无论从正面或侧面观察，全套仪器中各个仪器的轴线都要在同一平面内。所有的铁架台和铁夹都应尽可能整齐地安装在仪器的背部。

③ 在蒸馏头上装上配套专用温度计，如果没有专用温度计，可用搅拌套管或橡皮塞装上温度计，调整温度计的位置，使温度计水银球上端与蒸馏头支管的下端在同一水平线上，如图 3-2 所示，以便在蒸馏时水银球能完全被蒸气所包围，若水银球偏高，则所测量温度偏低，反之，则偏高。

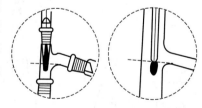

图 3-2　蒸馏温度计位置示意图

④ 如果蒸馏所得的产物易挥发、易燃等，可在接液管的支管上接一根长橡皮管，通入水槽的下水管内或引出室外。若室温较高，馏出物沸点低甚至与室温接近，可将接受器放在冷水浴或冰水浴中冷却，如图 3-3 所示。

⑤ 假如蒸馏出的产品易吸潮分解或是无水产品，可在接液管的支管上连接装有无水氯化钙的干燥管，如图 3-4 所示。如果在蒸馏时放出有害气体，则在接液管的支管上需装配气体吸收装置，如图 3-5 所示。

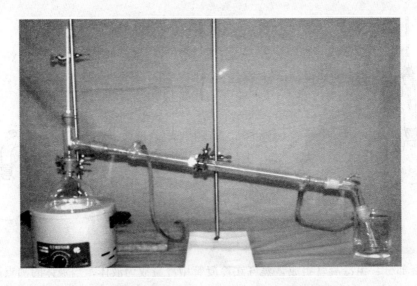

图 3-3　接受器放在冷水浴或冰水浴中冷却的蒸馏装置

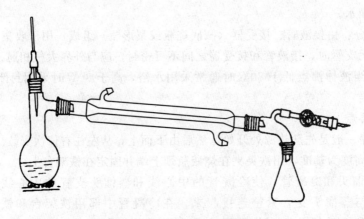

图 3-4　配干燥管的蒸馏装置图

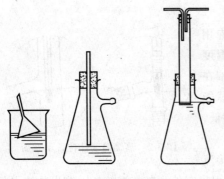

图 3-5　气体吸收装置

（3）操作方法

① 将样品沿蒸馏烧瓶瓶颈慢慢倾入蒸馏烧瓶，加入数粒沸石，以便在液体沸腾时，沸石内产生的小气泡成为液体汽化中心，保证液体平稳沸腾，防止液体过热而产生暴沸，然后由下而上、从左往右依次安装好蒸馏装置。

② 仔细检查仪器的各部分连接是否紧密和牢固。

③ 接通冷凝水，开始加热，随加热进行，瓶内液体温度慢慢上升，瓶内液体逐渐沸腾，当蒸气的顶端到达温度计水银球部分时，温度计读数开始急剧上升。这时应适当控制加热程度，使蒸气顶端停留在原处加热瓶颈上部和温度计，让水银球上液体和蒸气温度达到平衡，此时温度正好是馏出液的沸点。然后适当加大加热程度，进行蒸馏，控制蒸馏速度，以每秒1～2滴为宜。蒸馏过程中，温度计水银球上应始终附有冷

凝的液滴，以保持气液两相平衡，这样才能确保温度计测定数据的准确。

④ 记录第一滴馏出液落入接受器的温度（初馏点），此时的馏出液是物料中沸点较低的液体，称"前馏分"。前馏分蒸完，温度趋于稳定后蒸出的就是较纯的物质（此过程温度变化非常小），当这种组分基本蒸完时，温度会出现非常微小的回落（加热过快会出现温度不降反而快速上升），说明这种组分蒸完。记录这部分液体开始馏出时和最后一滴馏出时的温度读数，即是该馏分的"沸程"。纯液体沸程差一般不超过 $1\sim2^\circ\!C$。

⑤ 当所需的馏分蒸出后，应停止蒸馏，不要将液体蒸干，以免造成事故。

⑥ 蒸馏结束后，称量馏分和残液并记录。

⑦ 蒸馏结束后，先移去热源，冷却后停止通水，按装配时的逆向顺序逐件拆除装置。

（4）注意事项

① 不要忘记加沸石。若忘记加沸石，必须停止加热让蒸馏烧瓶内液体冷却后方可补加，切忌在液体沸腾或接近沸腾时加入沸石。

② 始终保证蒸馏体系与大气相通。

③ 蒸馏过程中欲向烧瓶中补加液体，必须停止加热冷却后进行，不得中断冷凝水。

④ 对于乙醚等易生成过氧化物的化合物，蒸馏前必须检验过氧化物，若含过氧化物，务必除去后方可蒸馏且不得蒸干，蒸馏硝基化合物也切忌蒸干，以防爆炸。

⑤ 当蒸馏易挥发和易燃的物质时，不得使用明火加热，否则容易引起火灾事故。

⑥ 停止蒸馏时应先停止加热，冷却后再关冷凝水。

⑦ 严格遵守实验室的各项规定（如：用电，用火等）。

实验 3.1　工业乙醇的简单蒸馏

> **知识目标：**
> * 掌握普通蒸馏的原理；
> * 掌握普通蒸馏中的一些基本操作方法。
>
> **能力目标：**
> * 训练蒸馏装置的装配和拆卸的规范操作。

【实验原理】

常见的工业乙醇，其主要成分为乙醇和水，此外一般含有少量低沸点杂质和高沸点杂质，还可能溶解有少量固体杂质。利用简单蒸馏的方法可以将低沸物、高沸物及固体杂质除去，但必须注意的是水与乙醇常压下形成恒沸点为 $78.1^\circ\!C$ 的共沸物，故不能将水和乙醇完全分开，蒸馏所得的是含乙醇 95.6% 和水 4.4% 的混合物，相当于市售的 95% 乙醇。

【实验仪器和试剂】

直形冷凝管（300mm）	1 只	蒸馏头	1 只
圆底烧瓶（250mL）	1 只	接液管	1 只
锥形瓶（100mL）	2 只	乙醇	160mL

【实验步骤】

（1）测乙醇水溶液相对密度

测定乙醇水溶液（乙醇 60mL＋40mL 水）的相对密度 d_1，查表得出乙醇的含量。

（2）安装蒸馏装置并加入乙醇水溶液

将乙醇水溶液（乙醇 60mL＋40mL 水）加入 250mL 圆底烧瓶中，加几粒沸石。按图 3-1 装好蒸馏装置，冷凝管通入冷却水（冷却水的流速不宜过大，只要保证蒸气能够充分冷却即可）。

（3）蒸馏并收集馏分

水浴加热，开始可以把水温适当调高点，边加热边注意观察蒸馏瓶里的现象和温度计水银柱上升的情况。当液体开始沸腾，蒸气逐渐上升，蒸气达到温度计水银球时，温度计水银柱快速上升，这时适当调低水浴温度，让水银球上的液滴和蒸气达到平衡，蒸气开始冷凝回流，此时水银球上保持有液滴。待温度稳定后再稍调高水温进行蒸馏。控制流出液速度以每秒 1～2 滴为宜。

当温度计读数上升至 77℃ 时，用已称量过的干燥的锥形瓶收集。收集 77～82℃ 馏分，测定其相对密度 d_2。

将得到的 77～82℃ 馏分再进行二次蒸馏，收集 78～80℃ 的馏分，测定其相对密度 d_3，比较 d_1、d_2、d_3，查表说明其含量有何变化。称量收集乙醇量，计算乙醇的回收率。

（4）用 95％乙醇做对比实验

用 100mL95％乙醇进行蒸馏，观察温度的变化情况，比较与前两次有何不同。操作方法同上，当圆底烧瓶内只剩下少量液体时（0.5～1mL），水浴温度保持不变，温度计读数会突然下降，即可停止蒸馏，切不可将圆底烧瓶内液体蒸干。计算回收率。

【思考题】

①　什么叫沸点？沸点和大气压有什么关系？把乙醇文献上记载的沸点与你所在地区测定的沸点进行比较。

②　将温度计水银球插至蒸馏头支管下方或者在蒸馏头支管上方是否正确？对测定结果有何影响？

③　为什么蒸馏时最好控制馏出液的速度为 1～2 滴/s？

④　沸石的作用是什么？如果蒸馏前忘记加沸石，能否立即将沸石加至将近沸腾的液体中？

实验 3.2　无水乙醇的制备

知识目标：
- 学习用 95％的工业乙醇制备无水乙醇的原理；
- 掌握普通蒸馏的原理；
- 掌握回馏、蒸馏及无水操作。

能力目标：
- 训练蒸馏装置的装配和拆卸的规范操作；
- 掌握普通蒸馏中的一些基本操作方法；
- 掌握微量法测沸点的原理和方法，并测定无水乙醇的沸点。

【实验原理】

一般工业乙醇的纯度约为 95%，如果需要纯度更高的无水乙醇，可在实验室将工业乙醇与氧化钙一起加热回流，使乙醇中的水与氧化钙作用，生成氢氧化钙来除去水分。这样可得到纯度达 99.5% 的无水乙醇。

【实验仪器和试剂】

球形冷凝管（300mm）	1 只	蒸馏头	1 只
圆底烧瓶（150mL）	1 只	接液管	1 只
锥形瓶（100mL）	2 只	乙醇	20mL
干燥管	1 只	氧化钙	4g

【实验步骤】

（1）无水乙醇的制备

在 150mL 圆底烧瓶中加入 20mL 95% 工业乙醇和 4g 生石灰，再加 2～3 粒沸石后，装上回流冷凝管，在冷凝管的上端安装一个氯化钙干燥管。在水浴上回流加热半小时，稍冷却后取下冷凝管，改成蒸馏装置，接液管的支管接一个氯化钙干燥管与大气相通，水浴加热蒸馏。蒸去前馏分后，用干燥的锥形瓶作接受器，蒸馏至无液滴流出为止。称量无水乙醇的质量或量取体积，计算回收率。

（2）测定无水乙醇的沸点

用微量法测定无水乙醇的沸点（原理及操作见 2.6.2）。

【注意事项】

① 本实验中所用仪器均需干燥，由于无水乙醇具有强的吸水性，故在操作过程中和存放时应密闭以防止水汽的侵入。

② 改成蒸馏装置时，应重新加入几粒沸石。

③ 由于氯化钙与水作用生成氢氧化钙，在加热时不分解，故可留在瓶中一起蒸馏。

【思考题】

① 回流装置为什么用球形冷凝管？

② 回流和蒸馏时为什么需加沸石？

③ 为何用工业乙醇直接蒸馏的方法不能制备无水乙醇？

3.1.2　水蒸气蒸馏

水蒸气蒸馏是用来从液态或固态物质中分离所需要的有机物的一种方法。其过程是在不溶或难溶于热水并有一定挥发性的有机化合物中通入水蒸气（必要时可对蒸馏烧瓶适当加热），使其沸腾，使有机物随水蒸气同时被蒸馏出来，达到分离出所需要的有机物的目的。

水蒸气蒸馏的优点在于所需要的有机物可在较低的温度下从混合物中蒸馏出来，通常用在下列几种情况。

① 某些高沸点的有机物，在常压下蒸馏虽可与副产品分离，但其会发生分解。

② 混合物中含有大量树脂状杂质或不挥发性杂质，采用蒸馏、萃取等方法都难于分离的。

③ 从较多固体反应物中分离出被吸附的液体产物。

④ 要求除去易挥发的有机物。

当不溶或难溶有机物与水一起共热时，整个系统的蒸气压，根据分压定律，应为各组分蒸气压之和。即 $p_{总} = p_{水} + p_{有机物}$，当总蒸气压（$p_{总}$）与大气压力相等时混合物沸腾。显然，混合物的沸腾温度（混合物的沸点）低于任何一个组分单独存在时的沸点，即有机物可在比其沸点低得多的温度，而且在低于水的正常沸点下安全地被蒸馏出来。

使用水蒸气蒸馏时，被提纯有机物应具备下列条件：

① 不溶或难溶于水；

② 共沸腾下，与水不发生化学反应；

③ 在水的正常沸点时必须具有一定的蒸气压（一般不小于 1333Pa）。

（1）仪器装置

图 3-6 是实验室常用的装置。包括水蒸气发生器、蒸馏部分、冷凝部分和接受器四个部分。

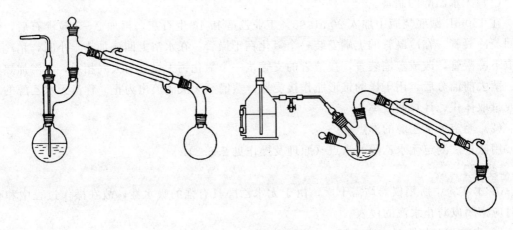

图 3-6　水蒸气蒸馏装置

① 水蒸气发生器：一般使用专用的金属制的水蒸气发生器，也可用 500mL 的蒸馏烧瓶代替（配一根长 1m、直径约为 7mm 的玻璃管作安全管），水蒸气发生器导出管与一个 T 形管相连，T 形管的支管套上一短橡皮管。橡皮管用螺旋夹夹住，以便及时除去冷凝下来的水滴，T 形管的另一端与蒸馏部分的导管相连（这段水蒸气导管应尽可能短些，以减少水蒸气的冷凝）。

② 蒸馏部分：采用圆底烧瓶，配上克氏蒸馏头，这样可以避免由于蒸馏时液体的跳动引起液体从导出管冲出，以至沾污馏出液。

③ 冷凝部分：一般选用直形冷凝管。

④ 接受部分：选择合适容量的圆底烧瓶或梨形瓶作接受器。

（2）操作要点

① 水蒸气发生器上必须装有安全管，安全管不宜太短，下端应插到接近底部，盛水量通常为发生器容量的一半，最多不超过 2/3。

② 水蒸气发生器与水蒸气导入管之间必须连接 T 形管，蒸汽导管尽量短，以减少蒸汽的冷凝。

③ 被蒸馏的物质一般不超过其容积的 1/3，水蒸气导入管不宜过细，一般选用内径大于或等于 7mm 的玻璃管。

（3）操作方法

将被蒸馏的物质加入烧瓶中，尽量不超过其容积的 1/3，仔细检查各接口处是否漏气，并将 T 形管上螺旋夹打开。

开启冷凝水，然后水蒸气发生器开始加热，当 T 形管的支管有蒸汽冲出时，再逐渐旋紧 T 形管上的螺旋夹，水蒸气开始通向烧瓶。

① 如果水蒸气在烧瓶中冷凝过多，烧瓶内混合物体积增加，以至超过烧瓶容积的 2/3 时，或者水蒸气蒸馏速度不快时，可对烧瓶进行适当加热，要注意烧瓶内崩跳现象，如果崩跳剧烈，则不应加热，以免发生意外。蒸馏速度每秒 2～3 滴。

② 当馏出液澄清透明，不含有油珠状的有机物时，即可停止蒸馏。

③ 中断或停止蒸馏一定要先旋开 T 形管上的螺旋夹，然后停止加热，最后再关冷凝水。否则烧瓶内混合物将倒吸到水蒸气发生器中。

（4）注意事项

① 蒸馏过程中，必须随时检查水蒸气发生器中的水位是否正常，安全管水位是否正常，有无倒吸现象，一旦发现不正常，应立即将 T 形管上螺旋夹打开，找出原因排除故障，然后逐渐旋紧 T 形管上的螺旋夹，继续进行。

② 蒸馏过程中，必须随时观察烧瓶内混合物体积增加情况，混合物崩跳现象，蒸馏速度是否合适，是否有必要对烧瓶进行加热。

实验 3.3　从橙皮中提取柠檬烯

知识目标：
- 学习水蒸气蒸馏的原理及应用；
- 掌握水蒸气蒸馏的一些基本操作方法。

能力目标：
- 训练水蒸气蒸馏的装配和拆卸的规范操作。

【实验仪器和试剂】

三口烧瓶（500mL）	1 只	蒸馏头	1 只
长颈烧瓶（250mL）	1 只	接液管	1 只
直形冷凝管（300mm）	1 只	T 形管	1 只
锥形瓶（150mL）	1 只	螺旋夹	1 只
长玻璃管（1m）	1 根	橙子皮	60g
二氯甲烷	30mL		

【实验原理】

工业上常用水蒸气蒸馏的方法从植物组织中获取挥发性成分。这些挥发性成分的混合物统称精油，大都具有令人愉快的香味。从柠檬、橙子和柚子等水果的果皮中提取的精油 90% 以上是柠檬烯：

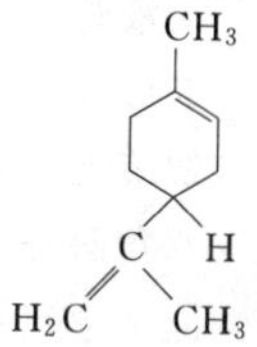

柠檬烯

　　柠檬烯是一种单环萜，分子中有一个手性中心。其 S-（一）-异构体存在于松针油、薄荷油中；R-（＋）-异构体存在于柠檬油、橙皮油中；外消旋体存在于香茅油中。本实验是先用水蒸气蒸馏法把柠檬烯从橙皮中提取出来，再用二氯甲烷萃取，蒸去二氯甲烷以获得精油，然后测定其折射率和比旋光度。

【实验步骤】

　　将 2～3 个（约 60g）橙子皮剪成细碎的碎片，投入 250mL 长颈圆底烧瓶中，加入约 30mL 水，按照图 3-6 安装水蒸气蒸馏装置。

　　打开螺旋夹，加热水蒸气发生器至水沸腾，T 形管的支管口有大量水蒸气冒出时夹紧螺旋夹，打开冷凝水，水蒸气蒸馏即开始进行，可观察到在馏出液的水面上有一层很薄的油层。当馏出液收集 60～70mL 时，打开螺旋夹，然后停止加热。

　　将馏出液加入分液漏斗中，每次用 10mL 二氯甲烷萃取 3 次，合并萃取液，置于干燥的 50mL 锥形瓶中，加入适量无水硫酸钠干燥 0.5h 以上。

　　将干燥好的溶液滤入 150mL 蒸馏瓶中，用水浴加热蒸馏。当二氯甲烷基本蒸完后改用水泵减压蒸馏以除去残留的二氯甲烷。最后瓶中留下少量橙黄色液体即为橙油，主要成分为柠檬烯。测定橙油的折射率和比旋光度。

　　纯粹的柠檬烯的沸点为 176℃；$n_D^{20} = 1.4727$。

【注意事项】

　　① 橙皮最好是新鲜的，如果没有，干的亦可，但效果较差。

　　② 蒸馏过程中如发现水从安全管顶端喷出或出现倒吸现象，说明系统内压力过大，应立即打开 T 形管的螺旋夹，停止加热，待排除故障后，方可继续蒸馏。

　　③ 也可用旋转蒸发仪直接减压蒸馏。

【思考题】

　　① 安全管为什么不能抵住水蒸气发生器的底部？

　　② 水蒸气蒸馏分离和提纯的化合物应具备哪些条件？

实验 3.4　从八角茴香中提取八角茴香油

> **知识目标：**
> - 了解水蒸气蒸馏原理；
> - 掌握水蒸气蒸馏装置的安装和操作方法。
>
> **能力目标：**
> - 能利用水蒸气蒸馏法提取八角茴香中含有的八角茴香油。

【实验仪器和试剂】

三口烧瓶（500mL）	1 只	蒸馏头	1 只
长颈烧瓶（250mL）	1 只	接液管	1 只
直形冷凝管（300mm）	1 只	T 形管	1 只
锥形瓶（150mL）	1 只	螺旋夹	1 只
长玻璃管（1m）	1 根	八角茴香	15g

【实验原理】

　　八角茴香中含有八角茴香油（茴油），它是无色或淡黄色液体，有茴香气味，密度为

$0.980\sim0.994g/cm^3$（15℃），折射率 $1.5531\sim1.5602$（20℃），溶于乙醇和乙醚。茴油的主要成分是茴香脑，可用作配制饮料、食品、烟草等的增香剂，也可用在医药方面。可从八角茴香果实或枝叶经水蒸气蒸馏而得。

【实验步骤】

（1）安装水蒸气蒸馏装置并加入原料

称取 15g 捣碎的八角茴香，加到 250mL 圆底烧瓶中，并加温水 30mL。在水蒸气发生器或 500mL 蒸馏烧瓶中加入约占其容量四分之三的热水，并加入数片素烧瓷。

（2）蒸馏并收集馏分

按图 3-6 安装装置，检查装置是否漏气，装置不漏气后旋开 T 形管上的螺旋夹，水蒸气发生器开始加热至沸腾，当有大量水蒸气从 T 形管的支管逸出时，立即将螺旋夹旋紧。这时水蒸气进入圆底烧瓶开始蒸馏（可以看到烧瓶中的物质有翻腾现象）。在蒸馏过程中，如由于水蒸气冷凝而使烧瓶内液体量增加，以至超过烧瓶容积的 2/3 时，或者水蒸气蒸馏速度太慢时，可适当加热蒸馏烧瓶或者先把蒸馏烧瓶中混合物预热至接近沸腾，然后再通入蒸汽，但在加热过程中要注意瓶内溅跳现象，如果溅跳剧烈，则停止加热，以免发生意外。蒸馏速度以每秒 2~3 滴为宜。

操作过程中，要随时注意安全管中的水柱是否发生不正常的上升现象，以及蒸馏烧瓶中的混合物是否发生倒吸现象，混合物溅飞是否厉害。如有异常，应立即旋开螺旋夹，停止加热，找出原因，排除后才能继续蒸馏。

当馏出液澄清透明不再浑浊时（由于澄清透明而不浑浊，需很长时间，一般规定收集到 150mL 馏出液），即可停止蒸馏，这时应先旋开 T 形管上螺旋夹，再停止加热，冷却后，拆卸装置。

【思考题】

① 水蒸气蒸馏的基本原理是什么？什么情况采用水蒸气蒸馏？

② 简述安全管和 T 形管各起什么作用？

③ 停止水蒸气蒸馏时，在操作的顺序上应注意些什么？

3.1.3　减压蒸馏

某些沸点较高的有机物在常压下加热还未达到沸点时便会发生分解、氧化或聚合的现象，所以不能采用普通蒸馏，使用减压蒸馏即可避免这种现象的发生。因为当蒸馏系统内的压力降低后，其沸点便降低，使得液体在较低的温度下汽化而逸出，继而冷凝成液体，然后收集在一容器中，这种在较低的压力下进行蒸馏的操作称减压蒸馏。减压蒸馏对于分离或提纯沸点较高或性质比较不稳定的液态有机化合物具有特别重要的意义。

人们通常把低于 $1\times10^{-5}Pa$ 的气态空间称为真空，欲使液体沸点下降得多，就必须提高系统内的真空程度。实验室常用水喷射泵（水泵）或真空泵（油泵）来提高系统真空度。

在进行减压蒸馏前，应先从文献中查阅清楚欲蒸馏物质在选择压力下相应的沸点，一般来说，当系统内压力降低到 $15\times133.3Pa$ 左右时，大多数高沸点有机物沸点比常压下的沸点下降 100~125℃；当系统内压力在 $(10\sim15)\times133.3Pa$ 之间进行减压蒸馏时，大体上压力每相差 133.3Pa，沸点相差约 1℃。

（1）减压蒸馏的装置

减压蒸馏的装置见图 3-7，主要仪器设备：蒸馏烧瓶、冷凝管、接受器、测压计、吸收装置、安全瓶和减压泵。

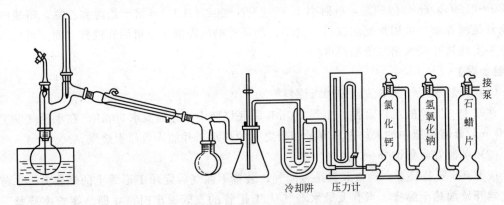

图 3-7　减压蒸馏装置

　　① 蒸馏部分：由蒸馏烧瓶、冷凝管、接受器三部分构成。

　　蒸馏烧瓶采用圆底烧瓶。冷凝管一般选用直形冷凝管，如果蒸馏液体较少且沸点高或为低熔点固体，可不用冷凝管。接受器一般选用多个梨形（圆形）烧瓶接在多头接液管上，如图 3-8 所示。

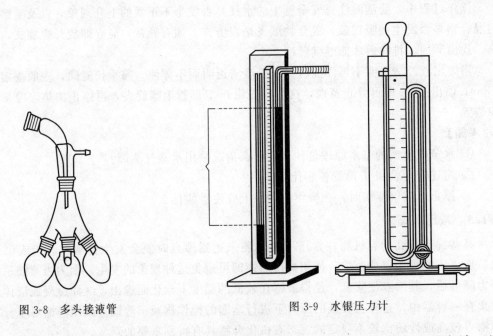

图 3-8　多头接液管　　　　　　　　图 3-9　水银压力计

　　② 测压计：测压计（压力计）有玻璃和金属的两种。常使用的是水银压力计（压差计），是将汞装入 U 形玻璃管中制成的，分为开口式和封闭式，如图 3-9 所示，开口式水银压力计的特点是管长必须超过 760mm，读数时必须配有大气压计，因为两管中汞柱高度的差值是大气压力与系统内压之差，所以蒸馏系统内的实际压力应为大气压力减去这一汞柱之差，其所量压力准确。封闭式水银压力计轻巧方便，两管中汞柱高度的差值即为系统内压，但不及开口式水银压力计所量压力准确，常用开口式水银压力计来校正。金属制压力表，其所量压力的准确度完全由机械设备的精密度决定，一般的压力表所测压力不太准确，然而它轻巧，不易损坏，使用安全，对测量压力准确度要求不太高时用其非常方便。

③ 吸收装置：只有使用真空泵（油泵）时采用此装置，其作用是吸收对真空泵有害的各种气体或蒸气，借以保护减压设备，一般由下述几部分组成。

a. 捕集管：用来冷凝蒸气和一些挥发性物质，捕集管外用冰-盐混合物冷却。

b. 氢氧化钠吸收塔：用来吸收酸性蒸气。

c. 硅胶（或用无水氯化钙）干燥塔：用来吸收经捕集管和氢氧化钠吸收塔后还未除净的残余水蒸气。

④ 安全瓶：一般采用壁厚耐压的吸滤瓶，安全瓶与减压泵和测压计相连，并配有活塞用来调节系统压力及放气。

⑤ 减压泵：实验室常用的减压泵有水喷射泵（水泵）和真空泵（油泵）两种。若不需要很低的压力时，可用水喷射泵（水泵），若要很低的压力时，则用真空泵（油泵）。

"粗"真空（系统压力大于 $10 \times 133.3 Pa$），一般可用水喷射泵（水泵）获得。

"次高"真空（系统压力小于 $10 \times 133.3 Pa$，大于 $133.3 \times 10^{-3} Pa$），可用油泵获得。

"高"真空（系统压力小于 $133.3 \times 10^{-3} Pa$），可用扩散泵获得。

（2）操作要点

装配时要注意仪器应安排得十分紧凑，既要做到系统通畅，又要做到不漏气，气密性好，所有橡皮管最好用厚壁的真空用的橡皮管，玻璃仪器磨口处均匀地涂上一层真空脂。

如能用水喷射泵（水泵）抽气的，则尽量使用水喷射泵。如被蒸馏物中含有少量易挥发性杂质，可先用水喷射泵减压抽除，然后改用真空泵（油泵）。

（3）操作方法

① 进行装配前，首先检查减压泵抽气时所能达到的最低压力（应低于蒸馏时的所需值），然后按图 3-7 进行装配。装配完成后，开始抽气，检查系统能否达到所要求的压力，如果不能满足要求，说明漏气，则分段检查出漏气的部位（通常是接口部分），在解除真空后进行处理，直到系统能达到所要求的压力为止。

② 解除真空，装入被蒸馏液体，其量不得超过烧瓶容积的 1/2。

③ 开启冷凝水。开动减压泵抽气，调节安全瓶上的活塞达到所需压力。

④ 开始加热，液体沸腾时，应调节热源，控制蒸馏速度每秒 1~2 滴为宜。整个蒸馏过程中密切注意温度计和压力的读数，并记录压力、相应的沸点等数据。当达到要求时，小心转动接液管，收集馏出液，直到蒸馏结束。

⑤ 蒸馏完毕，除去热源，待系统冷却后，缓慢解除真空，关闭减压泵，最后关闭冷凝水，按从右往左、由上而下的顺序拆卸装置。

（4）注意事项

① 蒸馏液中含低沸点组分时，应先进行普通蒸馏再进行减压蒸馏。

② 减压系统中应选用耐压的玻璃仪器，切忌使用薄壁的甚至有裂纹的玻璃仪器，尤其不要使用平底瓶（如锥形瓶），否则易引起内向爆炸。

③ 蒸馏过程中若有堵塞或其他异常情况，必须先停止加热，冷却后，缓慢解除真空后才能进行处理。

④ 抽气或解除真空时，一定要缓慢进行，否则压力计汞柱急速变化，有冲破压力计的危险。

⑤ 解除真空时，一定要冷却后进行，否则大量空气进入有可能引起残液的快速氧化或

自燃，发生爆炸。

实验 3.5　苯乙酮的减压蒸馏

知识目标：
- 掌握减压蒸馏原理；
- 掌握减压蒸馏装置的安装与操作方法；
- 掌握压力计的使用、系统压力的测定和油泵安装及保护措施。

能力目标：
- 能通过对苯乙酮的减压蒸馏操作学会油泵、压力计的使用；
- 能操作减压蒸馏装置。

【实验仪器和试剂】

直形冷凝管（300mm）	1只	双尾接液管	1只
圆底烧瓶（100mL）	2只	苯乙酮	20mL
克氏蒸馏头	1只		

【实验原理】

苯乙酮的沸点为 202.6℃，熔点为 20.5℃，折射率 n_D^{20} 为 1.5371，苯乙酮在接近沸点时较稳定，也可用简单蒸馏法将其蒸出，但操作不便，安全性较差。采用减压蒸馏法，可使苯乙酮在较低的沸点蒸出，安全性好。本实验系统压力 $10×133.3$Pa，收集 80℃ 左右的馏分即得纯苯乙酮。

【实验步骤】

（1）安装减压蒸馏装置

按图 3-7 装好仪器，磨口接口部分涂上少量真空脂，检查气密性，实验装置内的压力达到 $10×133.3$Pa 以下。

（2）蒸馏并收集馏分

在 100mL 蒸馏烧瓶中放 20mL 苯乙酮。旋紧毛细管上螺旋夹，开动真空泵，逐渐关闭安全瓶上活塞，调节毛细管导入空气量，以能冒出一连串的小气泡为宜。从压力计上测系统真空度，小心地旋转安全瓶上活塞，使压力计上读数为 $（5～10）×133.3$Pa，用电热套加热，控制馏出速度每秒 1～2 滴，当系统达到稳定时，立即记下压力和温度值，作为第一组数据。然后停止加热，稍微打开安全瓶上活塞，调节压力到 $（10～20）×133.3$Pa，重新加热蒸馏，记下第二组数据。

将上述数据填入下表，并根据文献值找出相应压力下的沸点温度。

编号	压力/Pa	实测温度/℃	文献温度/℃
1 2			

（3）解除真空

蒸馏完毕，停止加热，冷却后慢慢旋开夹在毛细管的橡皮管的上螺旋夹，并渐渐打开安全瓶上的旋塞，平衡内外压力，使测压计的水银柱缓慢地回复原状，若放开得太快，水银柱上升太快，有冲破测压计的可能，待内外压力平衡后，才可关闭真空泵，以免真空泵中的油反吸入干燥塔中，最后拆除仪器。

【思考题】

　　① 物质沸点与外界压力变化有什么关系？一般在什么情况下采用减压蒸馏？

　　② 使用水喷射泵抽气，是否也需要气体吸收装置？

　　③ 减压蒸馏开始时，要先减压再加热，顺序可否颠倒，为什么？

　　④ 安装减压蒸馏装置应注意哪些问题？

3.2　分馏

　　蒸馏可以分离两种或两种以上沸点相差较大（大于 30℃）的液体混合物，而对于沸点相差较小的或沸点接近的液体混合物，仅用一次蒸馏不可能把它们分开。若要获得良好的分离效果，就非得采用分馏不可。

　　分馏实际上就是使沸腾着的混合物蒸气通过分馏柱（工业上用分馏塔）进行一系列的热交换，由于柱外空气的冷却，蒸气中的高沸点组分被冷却为液体，回流入烧瓶中，上升的蒸气中含低沸点组分就相对地增加，当上升的蒸气遇到回流的冷凝液，两者之间又进行热交换，使上升的蒸气中高沸点的组分又被冷凝，低沸点的组分仍继续上升，低沸点组分的含量又增加了，如此在分馏柱内反复进行着汽化、冷凝、回流等程序，当分馏柱的效率相当高且操作正确时，在分馏柱顶部出来的蒸气就接近于纯低沸点的组分。这样，最终便可将沸点不同的物质分离出来。

　　实质上分馏过程与蒸馏相类似，不同在于多了一个分馏柱，使冷凝、蒸发的过程由一次变成多次，大大地提高了蒸馏的效率。因此，简单地说分馏就等于多次蒸馏。

　　在分馏过程中，有时可能得到与单纯化合物相似的混合物，它也具有固定的沸点和组成，这种混合物称为共沸混合物（或恒沸混合物），它的沸点（高于或低于其中的每一组分）称为共沸点，该混合物不能用分馏法进一步分离。

　　分馏的效率与回流比有关。回流比是指在同一时间内冷凝的蒸气及重新回入柱内的冷凝液数量与柱顶馏出的蒸馏液数量之间的比值。一般来说，回流比越高分馏效率就越高，但回流比太高，则蒸馏液被馏出的量少，分馏速度慢。

　　（1）分馏装置

　　通常情况下的分馏装置如图 3-10 所示，与蒸馏装置所不同的地方就在于多了一个分馏柱。由于分馏柱构造上的差异使分馏装置有简单和精密之分。

　　实验室常用的分馏柱如图 3-11 所示，安装和操作都非常方便。图 3-11（b）是维格罗（Vigreux）分馏柱也称刺形分馏柱，分馏效率不高，仅相当于两次普通的蒸馏。图 3-11（a）是填料分馏柱，内部可装入高效填料，提高分馏效率。

　　（2）操作要点

　　① 按图 3-10 正确安装，分馏柱用铁夹固定。

　　② 为尽量减少柱内热量的散失和由于外界温度影响造成柱温的波动，通常分馏柱外必须进行适当的保温，以便能始终维持温度平衡。对于比较长、绝热又差的分馏柱，则常常需要在柱外绕上电热丝以提供外加的热量。

　　③ 使用高效率的分馏柱，控制回流比，才可以获得较高的分馏效率。

　　（3）操作方法

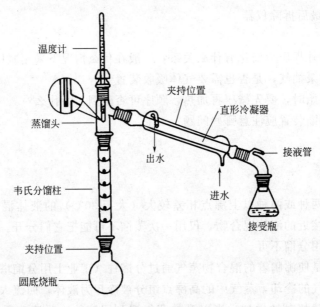

图 3-10　分馏装置

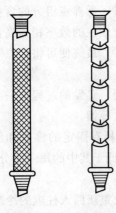

(a)填充柱　(b)维格罗柱

图 3-11　分馏柱

① 将待分馏的混合物放入圆底烧瓶中，加入沸石，按图 3-10 安装好装置。

② 选择合适的热源，开始加热。当液体一沸腾就及时调节热源，使蒸气慢慢升入分馏柱，10～15 min 后蒸气到达柱顶，这时可观察到温度计的水银球上出现了液滴。

③ 调小热源，让蒸气仅到柱顶而不进入支管就全部冷凝，回流到烧瓶中，维持 5min 左右，使填料完全湿润，开始正常地工作。

④ 调大热源，控制液体的馏出速度为每 2～3s1 滴，这样可得到较好的分馏效果。待温度计读数骤然下降，说明低沸点组分已蒸完，可继续升温，按沸点收集第二、第三种组分的馏出液，当欲收集的组分全部收集完后，停止加热。

（4）注意事项

① 参照普通蒸馏中的注意事项。

② 一定要缓慢进行，控制好恒定的分馏速度。

③ 要有足够量的液体回流，保证合适的回流比。

④ 尽量减少分馏柱的热量失散和波动。

实验 3.6　乙醇和水的分馏

知识目标：

- ● 掌握分馏的原理；
- ● 掌握分馏装置的安装和操作方法；
- ● 掌握折光仪使用方法。

能力目标：

- ● 能利用分馏操作分离水和乙醇混合物。

【实验原理】

见 3.2 节。

【实验步骤】

按图 3-10 装好分馏装置,在 150mL 圆底烧瓶中加入 60mL50％乙醇水溶液,加入 2～3 粒沸石,装上蒸馏瓶后检查各仪器接头处是否严密以及温度计水银球的位置和接受瓶的稳定性。开通冷凝水进行加热,蒸馏瓶内液体开始沸腾后,瓶内蒸气慢慢地沿分馏柱上升,此时要控制好加热速率,使温度缓慢上升,以保持分馏柱中有一个均匀的温度梯度。当第一滴馏出液流入接受瓶时,要及时记录此刻的温度(初馏点),待温度恒定后,控制馏出液速率,每 2～3s 馏出 1 滴为宜。用三个接受瓶分别接收前馏分、77～80℃、80～90℃的馏分。当温度计读数达 95℃以上时停止分馏,冷却后将残液倒入第四个接受瓶中。量取各组分体积和残液体积,计算 77～80℃馏分的回收率。将收集液倒入指定的回收瓶中。

【注意事项】

① 分馏柱外围也可用石棉包裹,以减少室内空气流动的影响,减少柱内热量的损失和波动,使实验操作平稳进行。

② 分馏柱中的蒸气在未达到温度计水银球位置时,温度上升得很慢,此时加热的速率不能过猛,一旦蒸气上升到水银球位置时,则温度会迅速上升。

③ 在分馏过程中要防止回流液在柱内聚集即液泛,控制好加热温度,以保持柱内均匀的温度梯度及合适的回流比。

【思考题】

① 分馏和蒸馏在原理和装置上有何异同?

② 若加热太快,馏出液每秒钟的滴数超过一般要求量,分馏法分离两种液体的能力会显著下降,这是为什么?

③ 在分离两种沸点相近的液体时,选用哪种分馏柱效果好?

④ 何谓共沸混合物,为何不能用分馏法分离共沸混合物?

实验 3.7　丙酮和 1,2-二氯乙烷混合物的分馏

知识目标:

- 掌握分馏的原理;
- 掌握分馏装置的安装和操作方法;
- 掌握折光仪使用方法。

能力目标:

- 能利用分馏操作分离丙酮和 1,2-二氯乙烷混合物。

【实验原理】

1,2-二氯乙烷的沸点是 83.5℃,密度为 1.256g/cm³ (20℃);丙酮的沸点是 56℃,密度为 0.7899g/cm³ (20℃)。本实验利用简单分馏对两者互溶液体进行分离,可得到丙酮含量较高的馏分,与简单蒸馏比较,分离效果好。

【实验仪器和试剂】

圆底烧瓶（150mL）	1只	接液管	1只
锥形瓶（50mL）	1只	水浴锅	1只
分馏柱（300mm）	1根		
丙酮	24 mL	二氯乙烷	16mL
直形冷凝管（300mm）	1只		

【实验步骤】

(1) 安装分馏装置并加料

量取丙酮24mL和1,2-二氯乙烷16mL的混合物，加入几粒沸石，放在100mL圆底烧瓶里，安装好分馏装置（必要时石棉绳包裹分馏柱身），见图3-10。

(2) 分馏并收集馏分

缓慢用水浴均匀加热，防止过热。5～10min后液体开始沸腾，即见到一圈圈气液沿分馏柱慢慢上升，注意控制好温度，一定使蒸馏瓶内液体缓慢微沸，使蒸气慢慢上升，一般要控制到使蒸气到柱顶15～20min为宜。待蒸气停止上升后，调节热源，提高温度，使蒸气上升到分馏柱顶部进入支管。开始有蒸馏液流出时，记录第一滴分馏液落到接受瓶时的温度；控制加热速度，当柱顶温度维持在56℃时，收集10mL左右馏出液（分馏效果好，纯丙酮量可增加）。

随着温度上升，再分别收集50～60℃、60～70℃、70～80℃、80～83℃的馏分，将不同馏分装在五只试管或小锥形瓶中，并经量筒量出体积（操作时要注意防火，应离加热源较远的地方进行）。

(3) 测馏分的折射率并计算含量

用折光仪分别测定以上各馏分的折射率，并与事先绘制的丙酮和1,2-二氯乙烷组成与折射率工作曲线对照，得到在该分馏条件下，各馏分所含丙酮（或1,2-二氯乙烷）的质量分数及其体积量。

【思考题】

① 分馏和蒸馏在原理、装置、操作上有哪些不同？

② 分馏柱顶上温度计水银球位置偏高或偏低对温度计读数各有什么影响？

③ 为什么分馏柱装上填料后效率会提高？分馏时，若给烧瓶加热太快，分离两种液体的能力会显著下降，为什么？

④ 在分馏装置中分馏柱为什么要尽可能垂直？

3.3　重结晶

3.3.1　重结晶原理和一般过程

重结晶法是提纯固体有机化合物的一种很有用的方法之一。重结晶提纯法的原理是利用混合物中各组分在某种溶剂中的溶解度不同，将被提纯物质溶解在热的溶剂中达到饱和（被提纯物质溶解度一般随温度升高而增大），趁热过滤除去不溶性杂质，然后冷却时由于溶解度降低，溶液变成过饱和而使被提纯物质从溶液中析出结晶，让杂质全部或大部分仍留在溶液中，从而达到提纯目的。重结晶提纯法的一般过程如下。

① 选择适宜的溶剂。

② 将样品溶于适宜的热溶剂中制成饱和溶液。

③ 趁热过滤除去不溶性杂质。如溶液的颜色深，则应先脱色，再进行热过滤。

④ 冷却溶液或蒸发溶剂，使之慢慢析出结晶而杂质则留在母液中。

⑤ 减压过滤分离母液，分出结晶。

⑥ 洗涤结晶，除去附着的母液。

⑦ 干燥结晶。

⑧ 测定晶体的熔点。

一般重结晶法只适用于提纯杂质含量在 5% 以下的晶体化合物，如果杂质含量大于 5% 时，必须先采用其他方法进行初步提纯，如萃取、水蒸气蒸馏等，然后再用重结晶法提纯。

3.3.2　常用的重结晶溶剂

在重结晶法中选择一适宜的溶剂是非常重要的，否则，达不到提纯的目的，它必须符合下面几个条件。

① 与被提纯的有机化合物不起化学反应。

② 被提纯的有机化合物应在热溶剂中易溶，而在冷溶剂中几乎不溶。

③ 对杂质的溶解度非常大或非常小（前者使杂质留在母液中不随提纯物晶体一同析出，后者使杂质在热过滤时被滤掉）。

④ 对要提纯的有机化合物能生成较整齐的晶体。

⑤ 溶剂的沸点，不宜太低，也不宜太高。若过低时，溶解度改变不大，难分离，且操作困难；过高时，附着于晶体表面的溶剂不易除去。

⑥ 价廉易得。

常见的重结晶溶剂见表 3-1。

表 3-1　常见的重结晶溶剂

溶剂名称	沸点/℃	相对密度	极性	溶剂名称	沸点/℃	相对密度	极性
水	100	1.000	很大	环己烷	80.8	0.7786	小
甲醇	64.7	0.7914	很大	苯	80.1	0.8787	小
95%乙醇	78.1	0.804	大	甲苯	111.6	0.8669	小
丙酮	56.2	0.7899	中	二氯甲烷	39.7	1.3266	中
乙醚	34.5	0.7138	小～中	四氯化碳	76.5	1.5940	小
石油醚	30～60 60～90	0.68～0.72	小	乙酸乙酯	77.1	0.9003	中

一般常用的混合溶剂有乙醇与水、乙醇与乙醚、乙醇与丙酮、乙醚与石油醚、苯与石油醚等。

3.3.3　重结晶操作方法

3.3.3.1　仪器装置

（1）溶解样品的器皿

溶解样品时常用锥形瓶或圆底烧瓶作容器，既可减少溶剂的挥发，又便于摇动促进固体物质溶解。若采用的溶剂是水或不可燃、无毒的有机液体，只需在锥形瓶或圆底烧瓶上盖上表面皿即可。若溶剂是水，还可用烧瓶作容器，盖上表面皿即可。但当采用的溶剂是低沸点易燃或有毒的有机液体时，必须选用回流装置，见图 3-12。若固体物质在溶剂中溶解速度较慢，需要较长加热时间时，也要采用回流装置，以免溶剂损失。

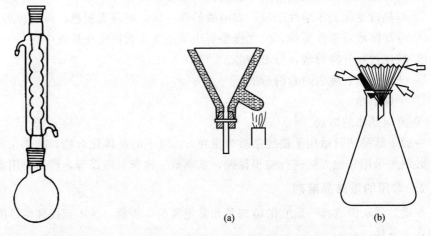

图 3-12　回流装置　　　　　　　　图 3-13　热过滤装置

（2）重力过滤装置

在趁热过滤时，一般选用无颈漏斗，也可选用热水漏斗（见图 3-13）。滤纸采用折叠式，以加快过滤速度。

（3）减压抽滤装置

减压抽滤装置见图 3-14。

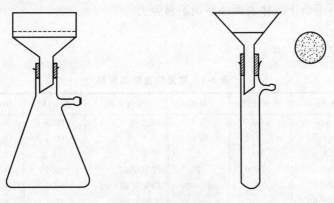

图 3-14　减压抽滤装置

3. 3. 3. 2　操作步骤

（1）正确选择溶剂

选择溶剂时，可根据溶解的一般规律，即相似相溶原理。溶质往往易溶于结构与其相似的溶剂中。通过查阅有关资料查到某化合物在各种溶剂中不同温度的溶解度。在实际工作中往往通过试验来选择溶剂，试验方法如下。

取 0.1g 被提纯物质结晶置于一小试管中，用滴管逐滴滴加溶剂，并不断振摇，待加入的溶剂约为 1mL 时，在水浴上加热至沸腾，完全溶解，冷却后析出大量结晶，这种溶剂一般被认为是合适的；如样品在冷却或加热时，都能溶于 1mL 溶剂中，表示这种溶剂不适用。若样品不全溶于 1mL 沸腾的溶剂中时，则可逐步添加溶剂，每次约加 0.5mL，并加热至沸腾，若加入溶剂总量达 3mL 时，样品在加热时仍然不溶解，表示这种溶剂也不适用。若样品能溶于 3mL 以内的沸腾的溶剂中，则将它冷却，观察有没有结晶析出，还可用玻璃棒摩擦试管壁或用冰水浴冷却，以促使结晶析出，若仍未析出结晶，则这种溶剂也不适用。若有结晶析出，则以结晶体析出的多少来选择溶剂。

按照上述方法逐一试验不同的溶剂比较后，可以选用结晶收率好、操作简便、毒性小、价格低廉的溶剂来进行重结晶。

如果难于找到一种合适的溶剂时，可采用混合溶剂，混合溶剂一般由两种能以任何比例互溶的溶剂组成，其中一种对被提纯物质的溶解度较大，而另一种对被提纯物质的溶解度较小。混合溶剂其操作与使用单一溶剂时的情况相同。

（2）样品的溶解及趁热过滤

通常先将样品和计算量的溶剂一起加热至沸腾（该温度不能高于样品的熔点），直到样品全部溶解。若无法计算所需溶剂的量，可将样品先与少量溶剂一起加热至沸腾，然后逐渐添加溶剂，每次加入后再加热至沸腾，直到样品全部溶解，如有不溶性杂质，则趁热过滤。

样品完全溶解后若溶液有色，则将沸腾溶液稍冷后加入相当样品重量 1%～5% 的活性炭，不时搅拌或振摇，加热煮沸 5～10min 后再趁热过滤。样品溶解后，若溶液澄清透明，确无不溶性杂质，可省略热过滤这步操作。

（3）晶体的析出

将趁热过滤收集的滤液静置，让它慢慢地自然冷却下来，一般在几小时后才能完全。冷却过程中不要振摇滤液，更不要将其浸在冷水甚至冰水中快速冷却，否则往往得到细小的晶粒，表面上容易吸附较多杂质。但也不要使形成的晶粒过大，晶粒过大，往往有母液和杂质包在结晶内部。当发现有生成大晶粒（约超过 2mm）的趋势时，可缓慢振摇，以降低晶粒的大小。

如果溶液冷却后仍不结晶，可用玻璃棒摩擦器壁引发晶体形成。

如果不析出晶体而得到油状物时，可加热至成清液后，让其自然冷却至开始有油状物析出时，立即剧烈搅拌，使油状物分散，也可搅拌至油状物消失。

如果结晶不成功，则必须用其他方法（色谱、离子交换法）提纯。

（4）减压过滤和洗涤

把结晶从母液中分离出来，通常采用减压过滤（抽滤）。抽滤前先用少量溶剂将滤纸润湿，轻轻抽气，使滤纸紧紧贴在漏斗上，继续抽气，把要过滤的混合物倒入漏斗中，使固体物质均匀地分布在整个滤纸面上，用少量滤液将黏附在容器壁上的结晶洗出转移至漏斗中。抽滤至无滤液滤出时，用玻璃瓶塞倒置在结晶表面上并用力挤压，尽量除去母液，滤得的固体，习惯叫滤饼。为了除去结晶表面的母液，应进行洗涤滤饼的工作。洗涤前将连接吸滤瓶的橡皮管拔开，把少量溶剂均匀地洒在滤饼上，使全部结晶刚好被溶剂盖好为度，重新接上橡皮管，把溶剂抽去，重复操作两次，就可把滤饼洗净。

（5）干燥晶体并测定熔点

在测定熔点前，晶体必须充分干燥。常用的干燥方法有如下几种。

① 空气晾干：将抽干的晶体转移至表面皿，铺成薄层，上面盖一张干净的滤纸，于室温下放置，一般要经过几天后才能彻底干燥。

② 烘干：一些对热稳定的化合物可以在低于该化合物熔点以下约 10℃ 的温度下进行烘干。

③ 用滤纸吸干：有些晶体吸附的溶剂在过滤时很难抽干，这时可将晶体放在两三层滤纸上，上面再用滤纸挤压以吸出溶剂。此法的缺点是晶体上易沾污一些滤纸纤维。

④ 置真空干燥器中干燥。

测定熔点：采用显微熔点测定仪测定晶体的熔点。

3.3.4 重结晶注意事项

① 溶解样品过程中，要尽量避免溶质的液化，应在比熔点低的温度下进行溶解。

② 溶解过程中，不要因为重结晶的物质中含有不溶解的杂质而加入过量的溶剂。

③ 为避免热过滤时晶体在漏斗上或漏斗颈中析出造成损失，溶剂可稍过量 20%。

④ 使用活性炭脱色应注意以下几点。

a. 加活性炭以前，首先将待结晶化合物完全溶解在热溶剂中，用量根据杂质颜色深浅而定，一般用量为固体质量的 1%～5%。加入后煮沸 5～10min。在不断搅拌下，若一次脱色不好，可再加少量活性炭，重复操作。

b. 不能向正在沸腾的溶液中加入活性炭，以免溶液暴沸。

c. 活性炭对水溶液脱色较好，对非极性溶液脱色较差。

⑤ 过滤易燃溶液时，特别要注意附近的情况，以免发生火灾。

⑥ 要用折叠滤纸过滤，从漏斗上取出结晶时，通常把晶体和滤纸一起取出，待干燥后用刮刀轻敲滤纸，结晶即全部下来，注意勿使滤纸纤维附于晶体上。

实验 3.8 工业苯甲酸粗品的重结晶

> **知识目标：**
> - 掌握重结晶基本原理；
> - 掌握溶解、加热、热过滤、减压过滤等基本操作方法。
>
> **能力目标：**
> - 训练溶解、加热、热过滤、减压过滤等基本操作能力。

【实验原理】

工业苯甲酸一般由甲苯氧化所得，其粗品中常含有未反应的原料、中间体、催化剂、不溶性杂质和有色杂质等，因而呈棕黄色块状并带有难闻的气味。可以用水为溶剂用重结晶法纯化。

【实验步骤】

称取 3g 工业苯甲酸粗品，置于 250mL 烧杯中，加水约 80mL，加热并用玻璃棒搅动，观察溶解情况。如至水沸腾仍有不溶性固体，可分批补加适当水直至沸腾温度下可以全溶或基本溶解。然后再补加 15～20mL 水，总用水量为 110mL 左右。与此同时将布氏漏斗放在另一个大烧杯中并加水煮沸预热。

暂停对溶液加热，稍冷后加入适量活性炭，搅拌使之混合均匀，再煮沸约 3min。取出预热的布氏漏斗，立即放入事先选定的略小于漏斗底面的圆形滤纸，迅速安装好抽滤装置，以数滴沸水润湿滤纸，开泵抽气使滤纸紧贴漏斗底。将热溶液尽快倒入布氏漏斗（也可用保温漏斗）中，每次倒入漏斗的液体不要太满，也不要等溶液全部滤完再加。为了保持溶液的温度，应将未过滤的部分继续用小火加热，以防冷却。待所有的溶液过滤完毕后，用少量热水洗涤漏斗和滤纸。

滤毕，立即将滤液转入烧杯中用表面皿盖住杯口，室温放置冷却结晶。如果抽滤过程中晶体已在滤瓶中或漏斗尾部析出，可将晶体一起转入烧杯中，加热溶解后再在室温放置结晶，或将烧杯放在热水浴中随热水一起缓缓冷却结晶。

结晶完成后，用布氏漏斗抽滤，用玻璃塞将结晶压紧，使母液尽量除去，打开安全瓶上的活塞，停止抽气，加少量冷水洗涤，然后重新抽干，如此重复 1～2 次。最后将结晶转移到表面皿上，摊开，在红外灯下烘干，测定熔点，并与粗品的熔点做比较。称重，计算回收率，产量为 1.8～2.4g（收率 60％～70％），产品熔点为 121～122℃。

纯苯甲酸为无色针状晶体，熔点为 122.4℃。

【思考题】

① 简述有机化合物重结晶的步骤和各步的目的。

② 某一有机化合物进行重结晶时，最适合的溶剂应该具有哪些性质？

③ 为什么活性炭要在固体物质完全溶解后加入？又为什么不能在溶液沸腾时加入？

④ 在布氏漏斗中用溶剂洗涤固体应注意些什么？

⑤ 停止抽滤时，如不先打开安全瓶活塞就关闭水泵，会有何现象产生？为什么？

实验 3.9　乙醇-水混合溶剂重结晶萘

知识目标：

- 掌握重结晶基本原理；
- 掌握溶解、加热、热过滤、减压过滤等基本操作方法。

能力目标：

- 训练溶解、加热、热过滤、减压过滤等基本操作能力。

【实验原理】

本实验是用固定配比的乙醇-水混合溶剂对粗萘进行重结晶，以保温漏斗和折叠滤纸进行热过滤。

【实验步骤】

在 100mL 圆底烧瓶中放置 2g 粗萘，加入 70％乙醇 15mL，投入 1～2 粒沸石，装上回流冷凝管，开启冷凝水，用水浴加热回流数分钟，观察溶解情况。如不能全溶，移开火源，用滴管自冷凝管口加入 70％乙醇约 1mL 重新加热回流，观察溶解情况。如仍不能全溶，则依前法重复补加 70％乙醇直至恰能完全溶解，再补加 2～3mL。

移开火源，稍冷后拆下冷凝管，加入少量活性炭，装上冷凝管，重新加热回流 3～5min。趁热用保温漏斗经折叠滤纸（热的 70％乙醇润湿）把萘的热溶液过滤到干燥的 50mL 锥形瓶中（附近不得有明火），并在漏斗上口加盖玻璃以防溶剂过多挥发。

滤完后塞住锥形瓶口，待自然冷却至接近室温后再用冷水浴冷却。待结晶完全后用布氏漏斗抽滤，用约 1mL 冷的 70％乙醇洗涤晶体。将晶体转移至表面皿上，在空气中晾干或放入干燥器中干燥。待充分干燥后称重、计算收率并测定熔点，产量约为 1.4g（收率约 70％），产品熔点为 80～80.5℃。

纯萘为白色片状晶体，熔点为 80.5℃。

【思考题】

① 用有机溶剂重结晶时，在哪些操作上容易着火？应该如何防范？

② 将溶液进行热过滤时，为何要减少溶剂挥发？如何减少？

实验 3.10　乙酰苯胺的重结晶

知识目标：
- 掌握重结晶基本原理；
- 熟练掌握溶解、加热、热过滤、减压过滤等基本操作方法。

能力目标：
- 训练溶解、加热、热过滤、减压过滤等基本操作能力。

【实验原理】

纯粹的乙酰苯胺为无色晶体，熔点为 114.3℃。粗乙酰苯胺由于含有杂质而显出黄色或褐色。本实验利用乙酰苯胺在 100g 水中的溶解度为 0.46g（20℃）、0.56g（25℃）、0.84g（50℃）、3.45g（80℃）、5.5g（100℃），将乙酰苯胺溶于沸水中，加活性炭脱色，不溶性杂质与活性炭在趁热过滤时除去，其余杂质在冷却后乙酰苯胺结晶析出时留在母液中除去。

【实验步骤】

（1）测粗品熔点

测定粗乙酰苯胺的熔点。

（2）溶解粗品

在 250mL 锥形瓶或烧杯中，加 3g 粗乙酰苯胺、60mL 水和几粒沸石，在加热过程中，不断用玻璃棒搅动，使固体溶解。此时若有未溶解固体，每次 3～5mL 热水，直至沸腾溶液中的固体不再溶解。然后再加入 2～5mL 热水（一般多加 2％～5％的溶剂，目的是溶剂稍过量，可以避免热滤时因温度下降在滤纸上析出晶体，造成损失）。记录用去水的总体积。

（3）活性炭脱色并趁热过滤

乙酰苯胺是无色晶体，如果所得溶液有色，则稍冷后加入活性炭，搅拌使混合均匀，继续加热微沸 5min。

事先在热水漏斗中加入开水，过滤时热水漏斗安置在铁圈上［或按图 3-13（a）放置］，热水漏斗中放一配套的玻璃漏斗，在玻璃漏斗中放一预先叠好的折叠滤纸，并用少量热水润湿。将上述热溶液通过折叠滤纸迅速滤入 150mL 烧杯中。注意，每次倒入漏斗中的液体不要太满，也不要等溶液全部滤完后再加，在过滤过程中要用小火加热热水漏斗保持溶液的温度；待所有溶液过滤完毕后，用少量热水洗涤烧杯和滤纸。

（4）结晶

用表面皿将盛滤液的烧杯盖好，放置一旁，稍冷后用冷水冷却使其完全结晶。如要获得较大颗粒的结晶，可在滤完后将滤液中析出的结晶重新加热溶解，于室温下放置，让其慢慢冷却结晶。

（5）减压抽滤

结晶完成后，用布氏漏斗抽滤（滤纸用少量冷水润湿，吸紧），见图 3-14，使晶体和母液分离，并用玻璃塞挤压晶体，使母液尽量除去。拔下抽滤瓶上橡皮管（或打开安全瓶上的活塞），停止抽气，加少量冷水至布氏漏斗中，使晶体湿润（可用刮刀使晶体松劲），然后重新抽干，如此重复 1～2 次，最后用刮刀将晶体移至表面皿上，摊开成薄层，置空气中晾干或在红外灯下烘干，也可在干燥器中干燥。

（6）测纯品熔点

测定已干燥的乙酰苯胺熔点，并与粗产品熔点做比较，称其质量并计算回收率。

【思考题】

① 加热溶解待重结晶粗产物时，为何加入比计算量（根据溶解度数据）略少的溶剂？在渐渐添加至恰好溶解后，为何再多加少量溶剂？

② 为什么活性炭要在固体物质完全溶解后加入？能在溶液沸腾时加入吗？为什么？

③ 将溶液进行热过滤时，为什么要尽可能减少溶剂的挥发？如何减少其挥发？

④ 在布氏漏斗中用溶剂洗涤固体时应注意些什么？

⑤ 在使用布氏漏斗过滤之后的洗涤产品的操作中，要注意哪些问题？如果滤纸大于布氏漏斗底面时，会有什么缺点？停止抽滤前，如不拔除橡皮管就关掉水阀，会有什么后果？请你用水作样品试一试上述的操作，结果如何？从这里应吸取什么教训？

⑥ 如何检验重结晶后产品的纯度？

⑦ 你认为做重结晶提纯时还应注意哪些问题？

3.4　萃取

萃取也是分离和提纯有机化合物常用的操作之一。应用萃取可以从固体或液体混合物中提取出所需要的物质，也可以用来洗去混合物中少量的杂质。通常称前者为"抽提"或"萃取"，后者为"洗涤"。

萃取是利用物质在两种不互溶（或微溶）溶剂中分配特性的不同来达到分离、提纯或纯化目的的一种操作。萃取常用分液漏斗进行，分液漏斗的使用是基本操作之一。

3.4.1　萃取的原理

设溶液由有机化合物 X 溶解于溶剂 A 构成。要从其中萃取 X，可选择一种对 X 溶解度极好，而与溶剂 A 不相混溶和不起化学反应的溶剂 B，把溶液放入分液漏斗中，加入溶剂 B，充分振荡，静置后，由于 A 和 B 不相混溶，故分成两层，利用分液漏斗进行分离。此过程中 X 在 B、A 两相间的浓度比，在一定温度下，为一常数，叫做分配系数，以 K 表示，这种关系叫做分配定律。

$$K = c_B / c_A$$

式中　c_B——X 在溶剂 B 中的浓度；

　　　c_A——X 在溶剂 A 中的浓度。

假设：V_B 为原溶液的体积（mL）；m_0 为萃取前溶质 X 的总量（g）；m_1、m_2、…、m_n 分别为萃取一次、二次、…、n 次后 A 溶液中溶质的剩余量（g）；V_B 为每次萃取溶剂的体积（mL）。

第一次萃取后：$\dfrac{(m_0 - m_1)/V_B}{m_1/V_A} = K$，　　$m_1 = m_0 \left(\dfrac{V_A}{K V_B + V_A} \right)$

第二次萃取后：$\dfrac{(m_1 - m_2)/V_B}{m_2/V_A} = K$，　　$m_2 = m_1 \left(\dfrac{V_A}{K V_B + V_A} \right)$

第 n 次萃取后：$m_n = m_0 \left(\dfrac{V_A}{K V_B + V_A} \right)^n$

例如，100mL水中含有溶质的量为4g，在15℃时用100mL苯来萃取（$K=3$）。如果用100mL苯一次萃取，可提出3.0g溶质。如果用100mL苯分三次，每次以33.3mL萃取，则可提出3.5g溶质。由此可见，将100mL苯分三次连续萃取要比一次萃取有效得多。

依照分配定律，要节省溶剂而提高提取的效率，用一定分量的溶剂一次加入溶液中萃取，则不如把这个分量的溶剂分成几份做多次萃取好。

3.4.2　液体中物质的萃取

（1）仪器装置

最常用的萃取器皿为分液漏斗，常见的有圆球形、圆筒形和梨形三种，如图3-15所示。

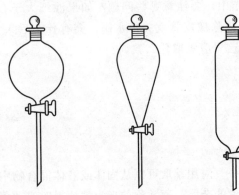

分液漏斗从圆球形到长的梨形，其漏斗越长，振摇后两相分层所需时间越长。因此，当两相密度相近时，采用圆球形分液漏斗较合适。一般常用梨形分液漏斗。

无论选用何种形状的分液漏斗，加入全部液体的总体积不得超过其容量的3/4。

盛有液体的分液漏斗，应妥善放置，否则玻璃塞及活塞易脱落，而使液体倾洒，造成不应有的损失。正确的放置方法通常有两种：一种是将其放在用棉绳或塑料膜缠扎好的铁圈上，铁圈则牢固地被固定在铁架台的适当高

图3-15　分液漏斗

度，见图3-16；另一种是在漏斗颈上配一塞子，然后用万能夹牢固地将其夹住并固定在铁架台的适当高度，见图3-17。但不论如何放置，从漏斗口接受放出液体的容器内壁都应贴紧漏斗颈。

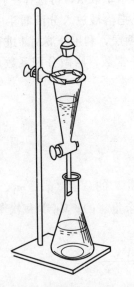

图3-16　分液漏斗放置图（一）

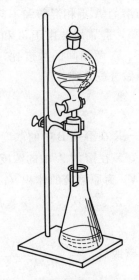

图3-17　分液漏斗放置图（二）

（2）操作要点

① 选择容积较液体体积大1～2倍的分液漏斗，检查玻璃塞和活塞芯是否与分液漏斗配

套，如不配套，往往漏液或根本无法操作。待确认可以使用后方可使用。

②　将活塞芯擦干，并在上面薄薄地涂上一层润滑脂，如凡士林（注意：不要涂进活塞孔里），将塞芯塞进活塞，旋转数圈使润滑脂均匀分布（呈透明状）后将活塞关闭好，再在塞芯的凹槽处套上一直经合适的橡皮圈，以防活塞芯在操作过程中因松动漏液或因脱落使液体流失造成实验的失败。

③　需要干燥分液漏斗时，要特别注意拔出活塞芯，检查活塞是否洁净、干燥，不合要求者，经洗净干燥后方可使用。

（3）操作方法

①　如图 3-16、图 3-17 所示装置，将含有机化合物的溶液和萃取剂（一般为溶液体积的1/3），依次自上而下倒入分液漏斗中，装入量约占分液漏斗体积的 1/3，塞上玻璃塞。

注意：玻璃塞上如有侧槽，必须将其与漏斗上端口径的小孔错开！

②　取下漏斗，用右手握住漏斗上口径，并用手掌顶住塞子，左手握住漏斗活塞处，用拇指和食指压紧活塞，并能将其自由地旋转，如图 3-18 所示。

③　将漏斗稍倾后（下部支管朝上），由外向里或由里向外振摇，以使两液相之间的接触面增加，提高萃取效率。在开始时摇振要慢，每摇几次以后，就要将漏斗上口向下倾斜，下部支管朝向斜上方的无人处，左手仍握在支管处，食拇两指慢慢打开活

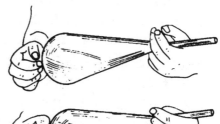

图 3-18　分液漏斗的使用方法

塞，使过量的蒸气逸出，这个过程称为"放气"。这对低沸点溶剂如乙醚或者酸性溶液用碳酸氢钠或碳酸钠水溶液萃取放出二氧化碳来说尤为重要，否则漏斗内压力将大大超过正常值，玻璃塞或活塞就可能被冲脱使漏斗内液体损失。待压力减小后，关闭活塞。振摇和放气重复几次，至漏斗内超压很小，再剧烈振摇 2～3min，最后将漏斗仍按图 3-16、图 3-17静置。

④　移开玻璃塞或旋转带侧槽的玻璃塞使侧槽对准上口径的小孔，待两相液体分层明显、界面清晰时，缓缓旋转活塞，放出下层液体，收集在大小适当的小口容器（如锥形瓶）中，下层液体接近放完时要放慢速度，放完后要迅速关闭活塞。

⑤　取下漏斗，打开玻璃塞，将上层液体由上口倒出，收集在另一容器中。一般宜用小口容器，大小也应当事先选择好。

⑥　萃取次数一般 3～5 次，在完成每次萃取后一定不要丢弃任何一层液体，以便一旦搞错还有挽回的机会。如要确认何层为所需液体，可参照溶剂的密度，也可将两层液体取出少许，试验其在两种溶剂中的溶解性质。

⑦　萃取过程中可能会产生两种问题。第一，萃取时剧烈的摇振会产生乳化现象，使两相界面不清，难以分离。引起这种现象往往是存在浓碱溶液，或溶液中存在少量轻质沉淀，或两液相的相对密度相差较小，或两溶剂易发生部分互溶。破坏乳化现象的方法是较长时间静置，或加入少量电解质（如氯化钠），或加入少量稀酸（对碱性溶液而言），或加热破乳，还可以滴加乙醇。第二，在界面上出现未知组成的泡沫状的固态物质，遇此问题可在分层前过滤除去，即在接受液体的瓶上置一漏斗，漏斗中松松地放少量脱脂棉，将液体过滤。

【注意事项】

① 若萃取溶剂为易生成过氧化物的化合物（如醚类）且萃取后为进一步纯化需蒸去此溶剂，则在使用前，应检查溶剂中是否含过氧化物，如含，应除去后方可使用。

② 若使用低沸点、易燃的溶剂，操作时附近的火都应熄灭，并且当实验室中操作者较多时，要注意排风，保持空气流通。

③ 上层液一定要从分液漏斗上口倒出，切不可从下面活塞放出，以免被残留在漏斗颈下的第一种液体所沾污。

④ 分液时一定要尽可能分离干净，有时在两相间可能出现的一些絮状物应与弃去的液体层放在一起。

⑤ 以下任一操作环节都可能造成实验失败。

a. 分液漏斗不配套或活塞润滑脂未涂好造成漏液或无法操作。

b. 对溶剂和溶液体积估计不准，使分液漏斗装得过满，摇振时不能充分接触，妨碍该化合物对溶剂的分配过程，降低萃取效果。

c. 忘了把玻璃活塞关好就将溶液倒入，待发现后已大部分流失。

d. 摇振时，上口气孔未封闭，致使溶液漏出，或者不经常开启活塞放气，使漏斗内压力增大，溶液自玻璃塞缝隙渗出，甚至冲掉塞子。溶液漏失，漏斗损坏，严重时会产生爆炸事故。

e. 静置时间不够，两液分层不清晰时分出下层，不但没有达到萃取目的，反而使杂质混入。

f. 放气时，尾部不要对着人，以免有害气体对人的伤害。

3.4.3 固体物质的萃取

固体物质的萃取，通常是采用下列两种方法。

① 长期浸出法。依靠溶剂对固体物质长期的浸润溶解而将其中所需要的成分溶解出来，此法虽不要任何特殊器皿，但效率不高，而且只有在所选用的溶剂对待浸出组分有很大溶解度时才比较有效，否则要用大量溶剂。

② 采用索氏提取器，也叫脂肪提取器。利用萃取溶剂在烧瓶加热成蒸气通过蒸气导管被冷凝管冷却成液体聚集在提取器中与滤纸套内固体物质接触进行萃取，当液面超过虹吸管的最高处时，与溶于其中的萃取物一起流回烧瓶。这一操作连续进行，自动地将固体中的可溶物质富集到烧瓶中，因而效率高且节约溶剂。下面主要介绍索氏提取法。

（1）仪器装置

索氏提取装置如图 3-19 所示，下部为圆底烧瓶，放置萃取剂，中间为提取器，放被萃取的固体物质，上部为冷凝器。提取器上有蒸气上升管和虹吸管。

（2）装配要点

① 按由下而上的顺序，先调节好热源的高度，以此为基准，然后用万能夹固定住圆底烧瓶。

② 装上提取器，在上面放置球形冷凝管并用万能夹夹住，调整角度，使圆底烧瓶、提取器、冷凝管在同一条直线上且垂直于实验台面。

③ 滤纸套大小既要紧贴器壁，又要能方便取放，其高度不得超过虹吸管，纸套上面可折成凹形，以保证回流液均匀浸润被萃取物。

（3）操作方法

① 研细固体物质，以增加液体浸浴的面积，然后将固体物质放在滤纸套内，置于提取

器中，按图 3-19 所示装好。

②　通冷凝水，选择适当的热浴进行加热。当溶剂沸腾时，蒸气通过玻璃管上升，被冷凝管冷却为液体，滴入提取器中。

③　当液面超过虹吸管的最高处时，即虹吸流回烧瓶，因而萃取出溶于溶剂的部分物质。就这样利用回流、溶解和虹吸作用使固体中的可溶物质富集到烧瓶中。然后用其他方法将萃取到的物质从溶液中分离出来。

（4）注意事项

①　用滤纸研细固体物质时要严谨，防止漏出堵塞虹吸管。

②　在圆底烧瓶内要加入沸石。

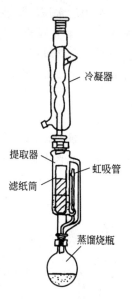

图 3-19　索氏提取器

3.5　升华

升华是固体化合物提纯的又一种手段，它是固体化合物受热直接汽化为蒸气，蒸气又直接冷凝为固体的过程。

升华的操作比重结晶要简便，纯化后产品的纯度较高。但是产品损失较大，时间较长，不适合大量产品的提纯。

3.5.1　基本原理

升华是利用固体混合物的蒸气压或挥发度不同，将不纯净的固体化合物在熔点温度以下加热，利用产物蒸气压高、杂质蒸气压低的特点，使产物不经液体过程而直接汽化，遇冷后固化，而杂质则不发生这个过程，达到分离固体混合物的目的。

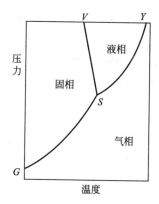

图 3-20　三相平衡图

一般来说，对称性较高的固态物质，具有较高的熔点，而且在熔点以下具有较高的蒸气压，可采用升华方法提纯。为了深入了解升华原理，必须研究固、液、气三相平衡，见图 3-20。

图中的三条曲线将图分为三个区域，每个区域代表物质的一相。由曲线上的点可读出两相平衡时的蒸气压。例如，GS 表示固相与气相平衡时固相的蒸气压曲线；SY 表示液相与气相平衡时液相的蒸气压曲线；SV 则是固相与液相的平衡曲线。S 为三条曲线的交点，也是物质的三相平衡点，在此状态下物质的气、液、固三相共存。由于不同物质具有不同的液态与固态处于平衡时的温度与压力，因此，不同的化合物三相点是不相同的。从图中可以看出，在三相点以下，物质处于气、固两相的状态，若温度较低，蒸气就不再经过液态而直接变为固态，因此，升华都在三相点温度以下进行，即在固体的熔点以下进行。固体的熔点可以近似地看作是物质的三相点。与液体化合物的沸点相似，当固体化合物的蒸气压与外界所施加给固体化合物表面压力相等时，该固体化合物开始升华，此时的温度为该固体化合物的升华点。在常压下不易升华的物质，可利用减压进行升华。

3.5.2　操作步骤

（1）常压升华

常用的常压升华装置如图 3-21 所示。少量物质的升华，可采用如图 3-21（a）所示的装置。将预先粉碎的待升华物质均匀地铺放在蒸发皿上，上面覆盖一张穿有许多小孔的滤纸，然后将与蒸发皿口径相近的玻璃漏斗倒扣在滤纸上，漏斗的颈部塞以少许棉花或玻璃棉，以减少蒸气外逸。隔石棉网或在油浴、砂浴上缓慢加热蒸发皿，控制加热温度低于升华物质的熔点，使其慢慢升华。蒸气通过滤纸孔上升，冷却后凝结在滤纸或漏斗壁上。

较大量物质的升华，可在烧杯中进行。烧杯上放置一个通冷水的烧瓶，使蒸气在烧瓶底部凝结成晶体并附着在烧瓶底部，如图 3-21（b）所示。

图 3-21（c）是在空气或惰性气体流中进行升华的装置。当物质开始升华时，通入空气或惰性气体，带出的升华物质蒸气结晶于用自来水冷却的烧瓶壁上。

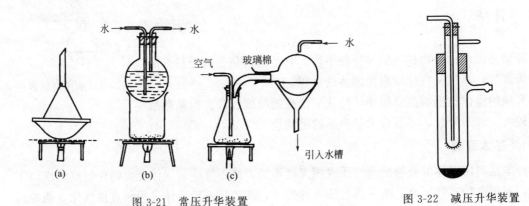

图 3-21　常压升华装置　　　　　　　图 3-22　减压升华装置

（2）减压升华

常压下不易升华的物质，可以采用减压升华的方法，装置如图 2-22 所示。将样品放于吸滤管中，再将插有指形冷凝管的橡皮塞严密地塞在吸滤管上，用水泵或油泵减压。接通冷凝水，用水浴或油浴加热吸滤管，升华物质的蒸气冷凝并结晶于指形冷凝管表面。升华结束后，要慢慢使体系与大气相通，以免空气突然冲入而把指形冷凝管上的晶体吹落。

实验 3.11　三组分混合物分离

知识目标：
- 掌握多组分混合物分离的原理和方法；
- 掌握分液漏斗使用和萃取操作原理。

能力目标：
- 能利用化学法分离甲苯、苯甲酸、苯胺的混合物。

【实验原理】

甲苯为无色液体，其沸点为 110.6℃，密度 0.867g/cm³（20℃）；苯胺为无色液体，沸点 184.4℃，密度 1.022g/cm³（20℃）；苯甲酸为无色晶体，沸点 249℃，熔点 122.13℃。

甲苯不溶于水且比水轻。苯胺与盐酸反应得到的盐酸盐可溶于水中，加碱后又可与水分层。苯甲酸与碱反应得到的盐溶于水，加酸后又可析出。本实验利用上述性质，用萃取方法将它们从混合物中分离出来，进一步精制即得到纯产品。

【实验仪器和试剂】

烧杯（100mL）	1 只	烧杯（50mL）	2 只
锥形瓶（50mL）	2 只	分液漏斗（250mL）	1 只
甲苯	15mL	苯胺	10mL
苯甲酸	1.5g	盐酸	4mol/L
NaOH	6mol/L		

【实验步骤】

① 取混合物（大约 25mL）放入烧杯中，充分搅拌下逐滴加入 4mol/L 盐酸，使混合物溶液 pH＝3，将其转移至分液漏斗中，静置，分层，水相放锥形瓶中待处理（Ⅰ）。向分液漏斗中的有机相加入适量的水，洗去附着的酸，分离弃去洗涤液，边振荡边向有机相逐滴加入饱和碳酸氢钠溶液，使 pH＝8～9，静置，分层。将有机相分出，置于一干燥的锥形瓶中。（请问此是何物？该选用何种方法进一步精制？）被分出的水相置于小烧杯中（Ⅱ）。

② 将置于小烧杯的水相（Ⅱ）在不断搅拌下，滴加 4mol/L 盐酸，至溶液 pH＝3，此时有大量白色沉淀析出，过滤（选择何法进行纯化，此是何化合物？）。

③ 将上述第一次置于锥形瓶待处理的水相（Ⅰ），边振荡边加入 6mol/L 氢氧化钠，使溶液 pH＝10，静置，分层，弃去水层，将有机相置于锥形烧瓶中（此是何化合物？如要进一步得到纯产品，该选用何法进一步精制）。

【思考题】

① 若用下列溶剂萃取水溶液，它们将在上层还是下层？乙醚，氯仿，丙酮，己烷，苯。

② 在三组分混合物分离实验中，各组分的性质是什么？在萃取过程中发生的变化是什么？

实验 3.12　从茶叶中提取咖啡因

> **知识目标：**
> - 了解从茶叶中提取咖啡因的原理和方法；
> - 掌握索氏提取器的安装与操作方法；
> - 掌握升华操作方法。
>
> **能力目标：**
> - 能利用索氏提取器分离茶叶中含有的咖啡因。

【实验原理】

茶叶中含有多种生物碱，其中以咖啡碱即咖啡因为主，占 1%～5%，其结构式为：

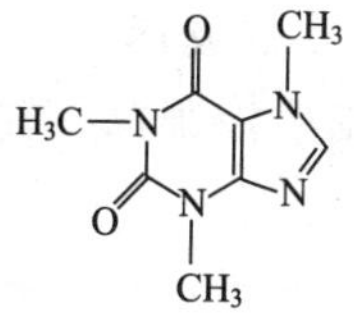

其化学名称为 1,3,7-三甲基-2,6-二氧嘌呤，属黄嘌呤衍生物。咖啡因是弱碱性化合物，味苦，能溶于氯仿、水、乙醇等溶剂中。咖啡因含结晶水时为白色针状结晶，在 100℃时失去结晶水，并开始升华，在 120～178℃时升华迅速。现在制药工业多用合成方法来制取咖啡因。

咖啡因能兴奋高级神经中枢和心脏，扩张冠状血管，并有利尿作用。咖啡因与解热镇痛药合用可增强镇痛效果。

本实验可用两种方法提取：一是用索氏提取器提取，然后浓缩，升华得到咖啡因晶体；二是利用咖啡因的极性，选择合适的有机溶剂从茶叶中萃取咖啡因，然后浓缩、冷却结晶、抽滤、干燥后得到咖啡因晶体。

【实验步骤】

（1）方法一

按图 3-19 安装好索氏提取装置。称取 10g 茶叶末装入滤纸筒中，轻轻压实，放入索氏提取器中，另外在圆底烧瓶中加入 100mL 95％乙醇，放入 1～2 粒沸石，小火加热至沸腾，连续提取 2h，此时提取液的颜色变得很淡，待提取器中的液体刚虹吸下时，立即停止加热。

稍冷后，改成蒸馏装置，回收乙醇。当蒸馏瓶中液体剩约 15mL 时，立即停止蒸馏，将残留液倒入蒸发皿中，加入约 5g 生石灰。在蒸汽浴上加热蒸干，其间应不断搅拌，并压碎块状物，然后将蒸发皿移至石棉网上焙烧，除尽水分。

在蒸发皿上盖一张用大头针刺有许多小孔的圆形滤纸，取一个合适的玻璃漏斗罩在滤纸上［见图 3-21（a）］，用砂浴小心加热升华，控制砂浴温度在 220℃左右。当滤纸上出现大量白色晶体时，停止加热，揭开漏斗和滤纸，观看咖啡因的颜色、形状，仔细用小刀将附在其上的咖啡因刮下。残渣经拌和后用较大的火加热片刻，使升华完全。合并两次收集的咖啡因，测定熔点。

纯净的咖啡因为白色针状晶体，熔点 234.5℃。

（2）方法二

在 400mL 烧杯中，将 12g 碳酸钠溶于 150mL 蒸馏水中。称取 15g 茶叶用纱布包好放入烧杯内，用小火煮沸 30min。冷却后，取出茶叶并挤压使液体流回烧杯中。将烧杯中黑色液体转移到分液漏斗中，加入 30mL 二氯甲烷，振摇后静置分层。有机层转入 250mL 干燥的锥形瓶中，水层再用 30mL 二氯甲烷萃取一次，合并有机层，加适量无水硫酸镁振摇，使溶液清亮、透明。

把干燥后的二氯甲烷溶液转移到 100mL 干燥的圆底烧瓶中，加入沸石，水浴蒸馏回收二氯甲烷，蒸干后烧瓶壁上有固体物出现。含咖啡因的残渣用丙酮-石油醚重结晶。将蒸去二氯甲烷的残渣，在回流下逐步加入丙酮使固体完全溶解。然后滴加 60～90℃石油醚，使溶液恰好浑浊，冷却结晶，抽滤，收集产物，干燥后称重，测熔点。

【注意事项】

① 索式提取器的虹吸管极易折断，装置仪器和取拿时要特别小心。

② 圆柱形的滤纸筒大小要合适，既能紧贴器壁，又能方便取放。其高度不能超过虹吸管；滤纸包茶叶时要严密，防止漏出堵塞虹吸管。

③ 瓶中的乙醇不可蒸得太干，否则残液很黏，转移时损失很大，可以加入 3～5mL 乙醇以利于转移。

④ 生石灰起吸水和中和作用，以除去部分酸性杂质。

⑤ 升华操作是实验成败的关键。升华过程中，始终都需用小火间接加热，慢速升温，若温度太高或太快，会使产物冒烟炭化。指示升华的温度计应贴近蒸发皿底部，正确反映出升华的温度。若无砂浴，也可将蒸发皿底部稍离开石棉网进行加热，并在附近悬挂温度计指示温度。

【思考题】

① 试述索氏提取器的萃取原理，它和一般的浸泡萃取比较有哪些优点？

② 进行升华操作时应注意哪些问题？

③ 除可用乙醇提取外，还可采用哪些溶剂提取？

④ 从茶叶中提取的粗咖啡因呈绿色，为什么？

⑤ 蒸馏回收二氯甲烷时，馏出液为何出现浑浊？

实验 3.13　花生油的提取

知识目标：

- 掌握提取花生油的原理和方法；
- 掌握索氏提取器的安装与操作方法；
- 学习液-固萃取的原理和方法。

能力目标：

- 巩固索氏提取器的原理及操作技术。

【实验原理】

油脂是高级脂肪酸甘油酯的混合物，种类繁多，均可溶于乙醚、苯、石油醚等脂溶性有机溶剂，常采用有机溶剂连续萃取法从油料作物中萃取得到。

本实验以烘干粉碎的花生粉为原料，以沸程为 60～90℃ 的石油醚为溶剂，在索氏提取器中进行油脂的连续提取，然后蒸馏回收溶剂，即得花生粗油脂，粗油脂中含有一些脂溶性色素、游离脂肪酸、磷脂、胆固醇及蜡等杂质。索氏提取器提取的原理见 3.4.3 节。

【实验步骤】

称取 10g 花生粉（提前烘干并粉碎）装入滤纸筒内密封好，放入索氏脂肪提取器的抽提筒内。向干燥洁净的烧瓶内加入 65mL 石油醚和几粒沸石，连接好装置（见图 3-19）。接通冷凝水，用电加热套加热，回流提取 1.5～2h，控制回流速率 1～2 滴/s。当最后一次提取器中的石油醚虹吸到烧瓶中时，停止加热。

冷却后，将提取装置改成蒸馏装置，用电加热套小心加热回收石油醚。待温度计读数明显下降时，停止加热，烧瓶中的残留物为粗油脂。待烧瓶内油脂冷却后，将其倒入一量筒内量取体积，计算油脂的提取率（粗油脂的密度为 0.9g/mL）。

花生油为淡黄透明液体，$d_4^{15} 0.911～0.918$，$n_D^{20} 1.468～1.472$。

【注意事项】

① 花生仁研得越细，提取速率越快。但太细的花生粉会从滤纸缝中漏出，堵塞虹吸管或随石油醚流入烧瓶中。

② 滤纸筒的直径要略小于提取器的内径，其高度要超过虹吸管，但样品高度不得高于虹吸管的高度。

③ 回流速率不能过快，否则冷凝管中冷凝的石油醚会被上升的石油醚蒸气顶出而造成事故。

④ 蒸馏时加热温度不能太高，否则油脂容易焦化。

【思考题】

① 试述索氏提取器的萃取原理。它和一般的浸泡萃取比较有哪些优点？

② 本实验采取哪些措施以提高花生油的出油率？

3.6　色谱法

色谱法是近代有机分析中应用最广泛的方法之一，它既可以用来分离复杂混合物中的各种成分，又可以用来纯化和鉴定物质，尤其适用于少量物质的分离、纯化和鉴定。其分离效果远比萃取、蒸馏、分馏、重结晶好。

色谱法是一种物理的分离方法，其分离原理是利用混合物中各个组分的物理化学性质的差别，即在某一物质中的吸附或溶解性能（分配）的不同，或其他亲和性的差异。当混合物各个组分流过某一支持剂或吸附剂时，各组分由于其物理性质的不同而被支持剂或吸附剂反复进行吸附或分配等作用而得到分离。流动的混合物溶液称为流动相，固定的物质（支持剂或吸附剂）称为固定相（可以是固体或液体）。按分离过程的原理，可分为吸附色谱、分配色谱、离子交换色谱等。按操作形式又可分为柱色谱、纸色谱、薄层色谱等。

3.6.1　柱色谱

对于分离相当大量的混合物仍是最有用的一项技术。

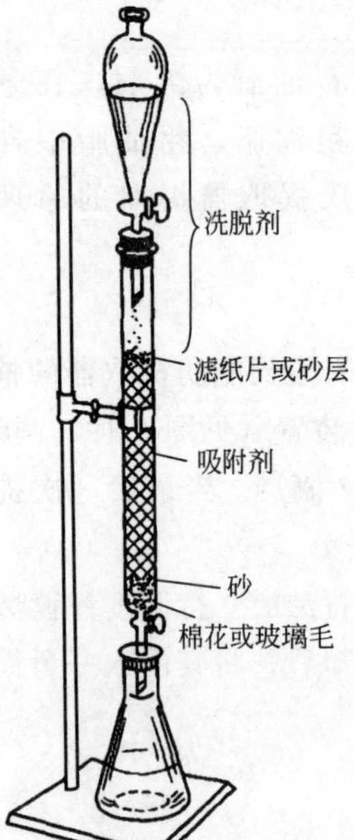

图 3-23　柱色谱装置

（图中标注：洗脱剂、滤纸片或砂层、吸附剂、砂、棉花或玻璃毛）

3.6.1.1　仪器装置

装置如图 3-23 所示，它是由一根带活塞的玻璃管（称为柱）直立放置并在管中装填经活化的吸附剂。

3.6.1.2　操作要点

（1）吸附剂的选择与活化

常用的吸附剂有氧化铝、硅胶、氧化镁、碳酸钙和活性炭等。吸附剂一般要经过纯化和活化处理，颗粒大小应当均匀。对于吸附剂来说颗粒小，表面积大，吸附能力强，但颗粒小时，溶剂的流速就太慢，因此应根据实际需要而定。

柱色谱使用的氧化铝有酸性、中性和碱性三种。酸性氧化铝是用 1% 盐酸浸泡后，用蒸馏水洗至氧化铝的悬浮液 pH 为 4，用于分离酸性物质；中性氧化铝的 pH 约为 7.5，用于分离中性物质；碱性氧化铝的 pH 为 10，用于胺或其他碱性化合物的分离。以上吸附剂通常采用灼烧使其活化。

（2）溶质的结构和吸附能力

化合物的吸附和它们的极性成正比，化合物分子中含有极性较大的基团时吸附性也较强。氧化铝对各种化合物的吸附性按以下次序递减：

酸和碱＞醇、胺、硫醇＞酯、醛、酮＞芳香族化合物＞卤代物＞醚＞烯＞饱和烃

（3）溶剂的选择

溶剂的选择是重要的一环，通常根据被分离物中各种成分的极性，溶解度和吸附剂活性等来考虑。要求：

① 溶剂较纯；

② 溶剂和氧化铝不能起化学反应；

③ 溶剂的极性应比样品小；

④ 溶剂对样品的溶解度不能太大，也不能太小；

⑤ 有时可以使用混合溶剂。

（4）洗脱剂的选择

样品吸附在氧化铝柱上后，用合适的溶剂进行洗脱，这种溶剂称为洗脱剂。如果原来用于溶解样品的溶剂冲洗柱不能达到分离的目的，可以改用其他溶剂，一般极性较强的溶剂影响样品和氧化铝之间的吸附，容易将样品洗脱下来，达不到分离的目的。因此常用一系列极性渐次增强的溶剂，既先使用极性最弱的溶剂，然后加入不同比例的极性溶剂配成洗脱溶剂。常用的洗脱溶剂的极性按如下次序递增。

己烷和石油醚<环己烷<四氯化碳<三氯乙烯<二硫化碳<甲苯<二氯甲烷<

氯仿<乙醚<乙酸乙酯<丙酮<丙醇<乙醇<甲醇<水<吡啶<乙酸

3.6.1.3 操作步骤

（1）装柱

柱色谱的分离效果不仅依赖于吸附剂和洗脱剂的选择，且与吸附柱的大小和吸附剂用量有关。根据经验规律要求柱中吸附剂用量为被分离样品量的 $30\sim40$ 倍，若需要时可增至 100 倍，柱高与柱的直径之比一般为 $8:1$，表 3-2 列出了它们之间的相互关系。

表 3-2　色谱柱大小、吸附剂量及样品量

样品量/g	吸附剂量/g	柱的直径/cm	柱高/cm
0.01	0.3	3.5	30
0.10	3.0	7.5	60
1.00	30.0	16.0	130
10.00	300.0	35.0	280

图 3-23 中的色谱柱，先用洗液洗净，用水清洗后再用蒸馏水清洗、干燥。在玻璃管底铺一层玻璃丝或脱脂棉，轻轻塞紧，再在脱脂棉上盖一层厚约 0.5cm 的石英砂（或用一张比柱直径略小的滤纸代替），最后将氧化铝装入管内。装入的方法有湿法和干法两种。湿法是将备用的溶剂装入管内，约为柱高的 3/4，然后将氧化铝和溶剂调成糊状。慢慢地倒入管中，此时应将管的下端活塞打开，控制流出速度为每秒 1 滴。用木棒或套有橡皮管的玻璃棒轻轻敲击柱身，使装填紧密，当装入量约为柱的 3/4 时，再在上面加一层 0.5cm 的石英砂或一小圆滤纸（或玻璃丝、脱脂棉），以保证氧化铝上端顶部平整，不受流入溶剂干扰。干法是在管的上端放一干燥漏斗，使氧化铝均匀地经干燥漏斗成一细流慢慢装入管中，中间不应间断，时时轻轻敲打柱身，使装填均匀，全部加入后，再加入溶剂，使氧化铝全部润湿。

（2）加样

把分离的样品配制成适当浓度的溶液。将氧化铝上多余的溶剂放出直到柱内液体表面到达氧化铝表面时，停止放出溶剂，沿管壁加入样品溶液，样品溶液加完后，开启下端活塞，使液体渐渐放出，当样品溶液的表面和氧化铝表面相齐时，即可用溶剂洗脱。

（3）洗脱和分离

继续不断加入洗脱剂，且保持一定高度的液面，洗脱后分别收集各个组分。如各组分有

颜色，可在柱上直接观察到，较易收集；如各组分无颜色，则采用等份收集。每份洗脱剂的体积随所用氧化铝的量及样品的分离情况而定。一般用 50g 氧化铝，每份洗脱液为 50mL。

3.6.1.4　注意事项

① 湿法装柱的整个过程中不能使氧化铝有裂缝和气泡，否则影响分离效果。

② 加样时一定要沿壁加入，注意不要使溶液把氧化铝冲松浮起，否则易产生不规则色带。

③ 在洗脱的整个操作中勿使氧化铝表面的溶液流干，一旦流干再加溶剂，易使氧化铝柱产生气泡和裂缝，影响分离效果。

④ 要控制洗脱液的流出速度，一般不宜太快，太快了，柱中交换来不及达到平衡而影响分离效果。

⑤ 由于氧化铝表面活性较大，有时可能促使某些成分破坏，所以尽量在一定时间内完成一个柱色谱的分离，以免样品在柱上停留的时间过长，发生变化。

3.6.2　纸色谱

纸色谱与吸附色谱分离原理不同。纸色谱不是以滤纸的吸附作用为主，而是以滤纸作为载体，根据各成分在两相溶剂中分配系数不同而互相分离的。例如，亲脂性较强的流动相在含水的滤纸上移动时，样品中各组分在滤纸上受到两相溶剂的影响，产生分配现象。亲脂性较强的组分在流动相中分配较多，移动速度较快，有较高的 R_f 值。反之，亲水性较强的组分在固定相中分配较多，移动较慢，从而使样品得到分离。色谱用的滤纸要求厚薄均匀。

纸色谱和薄层色谱一样，主要用于分离和鉴定。纸色谱的优点是便于保存，对亲水较强的成分分离较好，如酚和氨基酸；其缺点是所费时间较长，一般要几小时至几十小时。滤纸越长，色谱越慢，因为溶剂上升速度随高度的增加而减慢，但分离效果好。

3.6.2.1　仪器装置

纸色谱装置如图 3-24 所示。

3.6.2.2　操作要点

（1）滤纸选择

滤纸应厚薄均匀，全纸平整无折痕，滤纸纤维松紧适宜。

（2）展开剂的选择

图 3-24　纸色谱装置

根据被分离物质的不同，选用合适的展开剂。展开剂应对被分离物质有一定的溶解度，溶解度太大，被分离物质会随展开剂跑到前沿；溶解度太小，则会留在原点附近，使分离效果不好。选择展开剂应注意下列几点。

① 能溶于水的化合物：以吸附在滤纸上的水作固定相，以与水能混合的有机溶剂作展开剂（如醇类）。

② 难溶于水的极性化合物：以非水极性溶剂（如甲酰胺、N,N-二甲基甲酰胺等）作固定相，以不能与固定相混合的非极性溶剂（如环己烷、苯、四氯化碳、氯仿等）作展开剂。

③ 对不溶于水的非极性化合物：以非极性溶剂（如液体石蜡、α-溴萘等）作固定相，以极性溶剂（如水、含水乙醇、含水乙酸等）作展开剂。

3.6.2.3　操作方法

① 将滤纸切成纸条，大小可自行选择，一般约为 3cm × 20cm、5cm × 30cm 或

8cm×50cm。

②　取少量试样完全溶解在溶剂中，配制成约 1% 的溶液。用铅笔在离滤纸底一端 2～3cm 处画线，即为点样位置。

③　用内径约为 0.5mm 管口平整的毛细管吸取少量试样溶液，在滤纸上按照已写好的编号分别点样，控制点样直径为 2～3mm。每点一次样可用电吹风吹干或在红外灯下烘干。如有多种样品，则各点间距离为 2cm 左右。

④　在色谱缸中加入展开剂，将已点样的滤纸晾干后悬挂在色谱缸上饱和，将点有试样的一端放入展开剂液面下约 1cm 处，但试样斑点的位置必须在展开剂液面之上至少 1cm 处，见图 3-25 所示。

⑤　当溶剂上升 15～20cm 时，即取出色谱滤纸，用铅笔描出溶剂前沿，干燥。如果化合物本身有颜色，就可直接观察到斑点。如本身无色，可在紫外灯下观察有无荧光斑点，用铅笔在滤纸上划出斑点位置、形状、大小。通常可用显色剂喷雾显色，不同类型化合物可用不同的显色剂。

⑥　在固定条件下，不同化合物在滤纸上按不同的速度移动，所以各个化合物的位置也各不相同。通常用 R_f 值表示移动的距离，其计算公式如下：

$$R_f = \frac{溶质最高浓度中心至原点中心的距离}{溶剂前沿至原点中心的距离}$$

当温度、滤纸质量和展开剂都相同时，对于一个化合物的 R_f 值是一个特定常数，由于影响因素较多，实验数据与文献记载不尽相同，因此在测定 R_f 值时，常采用标准样品在同一张滤纸上点样对照。

3.6.3　薄层色谱

薄层色谱是在洗涤干净的玻璃板上均匀地涂上一层吸附剂或支持剂，干燥活化后，进行点样、展开、显色等操作。

薄层色谱（薄层色谱）兼备了柱色谱和纸色谱的优点，是近年来发展起来的一种微量、快速而简单的色谱法，一方面适用于小量样品（小到几十微克，甚至 $0.01\mu g$）的分离，另一方面若在制作薄层板时，把吸附层加厚，将样品点成一条线，则可分离多达 500mg 的样品，因此又可用来精制样品。此法特别适用于挥发性较小或在较高温度易发生变化而不能用气相色谱分析的物质。此外，它既可用作反应的定性"追踪"，也可作为进行柱色谱分离前的一种"预试"。

3.6.3.1　仪器装置

薄层色谱所用仪器通常由下列部分组成。

（1）展开室

通常选用密闭的容器，常用的有标本缸、广口瓶、大量筒及长方形玻璃缸。见图 3-25、图 3-26。

（2）色谱板

可根据需要选择大小合适的玻璃板。

（3）实验所用的色谱装置

一般可自制一个直径为 3.5cm、高度为 8cm 的玻璃杯作展开室，用医用载玻片作色谱板，如图 3-27 所示。

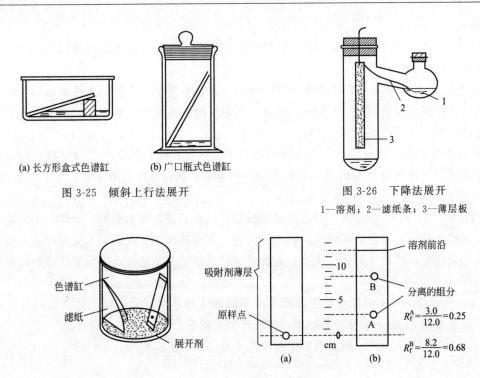

(a) 长方形盒式色谱缸　　(b) 广口瓶式色谱缸

图 3-25　倾斜上行法展开

图 3-26　下降法展开

1—溶剂；2—滤纸条；3—薄层板

色谱缸　　滤纸　　展开剂　　吸附剂薄层　　原样点　　溶剂前沿　　分离的组分

$R_f^A = \dfrac{3.0}{12.0} = 0.25$

$R_f^B = \dfrac{8.2}{12.0} = 0.68$

图 3-27　薄层色谱展开

3.6.3.2　操作要点

（1）吸附剂的选择

薄层色谱中常用的吸附剂（或载体）和柱色谱一样，常用的有氧化铝和硅胶，其颗粒大小一般以通过 200 目左右筛孔为宜。如果颗粒太大，展开时溶剂推进的速度太快，分离效果不好。如果颗粒太小，展开太慢，得到拖尾而不集中的斑点，分离效果也不好。

薄层色谱常用的硅胶可分为"硅胶 G"，"硅胶 H"——不含胶黏剂，使用时必须加入适量的胶黏剂，如羧甲基纤维素钠（简称 CMC），硅胶 GF_{254} 与硅胶相似，氧化铝也可分"氧化铝 G"和"色谱用氧化铝"。

（2）薄层板的制备

在洗净干燥且平整的玻璃板上，铺上一层均匀的薄层吸附剂以制成薄层板。薄层板制备的好坏是薄层色谱成败的关键。为此，薄层必须尽量均匀且厚度（0.25～1mm）要固定。否则，在展开时溶剂前沿不齐，色谱结果也不易重复。

（3）薄层板的活化

由于薄层板的活性与含水量有关，且其活性随含水量的增加而下降，因此必须进行干燥。其中氧化铝薄层干燥后，在 200～220℃烘 4h，可得到约Ⅱ级活性薄层。150～160℃烘 4h 可得到Ⅲ～Ⅴ级活性的薄层。

3.6.3.3　操作步骤

（1）薄层板的制备

称取 0.5～0.6gCMC，加蒸馏水 50mL，加热至微沸，慢慢搅拌使其溶解，冷却后，加入 25g 硅胶或氧化铝，慢慢搅动均匀，然后调成糊状物，采用下面的涂布方法制成薄层板。

① 倾注法：将调好的糊状物倒在玻璃板上，用手左右摇晃，使表面均匀光滑（必要时

可与平台处让一端触台面，另一端轻轻跌落数次并互换位置）。

② 浸入法：选一个比玻璃板长度高的色谱缸，置放糊状的吸附剂，然后取两块玻璃板叠放在一起，用拇指和食指捏住上端，垂直浸入糊状物中，然后以均匀速度垂直向上拉出，多余的糊状物令其自动滴完，待溶剂挥发后把玻璃板分开，平放。此法特别适用于与硅胶 G 混合的溶剂为易挥发溶剂，如乙醇-氯仿（2∶1），把铺好的色谱板放于已校正水平面的平板上晾干。

（2）薄层板的活化

把制成的薄层板先放于室温晾干后，置烘箱内加热活化，活化一般在烘箱内慢慢升温至 $105 \sim 110℃$，$30 \sim 50 min$，然后将活化的薄层板立即放置在干燥器中保存备用。

（3）点样

在铺好的薄层板一端约 205cm 处，画一条线，作为起点线，在离顶端 $1 \sim 1.5cm$ 处画一条线作为溶剂到达的前沿。

用毛细管吸取样品溶液（一般以氯仿、丙酮、甲醇、乙醇、苯、乙醚或四氯化碳等作溶剂配成 1% 的溶液），垂直地轻轻接触到薄层的起点线上，如溶液太稀，一次点样不够，待第一次点样干后，再点二次、第三次。点的次数依样品溶液浓度而定，一般为 $2 \sim 5$ 次。若为多处点样时，则各样品间的距离为 2cm 左右。

（4）展开

薄层的展开需在密闭的容器中进行。先将选择的展开剂放在展开室中，其高度为 0.5cm，并使展开室内空气饱和 $5 \sim 10 min$，再将点好样的薄层板放入展开室中按图 3-25、图 3-26 中的装置展开。常用展开方式有三种。

① 上升法：用于含胶黏剂的色谱板，将色谱板竖直置于盛有展开剂的容器中。

② 倾斜上行法：色谱板倾斜 15°，适用于无胶黏剂的软板。含有胶黏剂的色谱板可以倾斜 $45° \sim 60°$，如图 3-25 所示。

③ 下行法：展开剂放在圆底烧瓶中，用滤纸或纱布等将展开剂吸到薄层的上端，使展开剂沿板下行，这种连续展开法适用于 R_f 值小的化合物。如图 3-26 所示。

点样处的位置必须在展开剂液面之上。当展开剂上升至薄层的前沿时，取出薄层板放平晾干。根据 R_f 值的不同对各组分进行鉴定。见图 3-27。

（5）显色

展开完毕，取出薄层板。如果化合物本身有颜色，就可直接观察它的斑点，用小针在薄层上划出观察到斑点的位置。也可在溶剂蒸发前用显色剂喷雾显色。不同类型的化合物需选用不同的显色剂。凡可用于纸色谱的显色剂都可用于薄层色谱，薄层色谱还可使用腐蚀性的显色剂如浓硫酸、浓盐酸和浓磷酸等。

可将薄层板除去溶剂后，放在含有少量碘的密闭容器中显色来检查色点，见图 3-27，许多化合物都能和碘成棕色斑点。

表 3-3 列出了一些常用的显色剂。

（6）计算各组分 R_f 值

参见纸色谱。

3.6.3.4　注意事项

① 在制糊状物时，搅拌一定要均匀，切勿剧烈搅拌，以免产生大量气泡，难以消失，致使薄层板出现小坑，使薄层板展开不均匀，影响实验效果。

表3-3　常用的显色剂

显色剂	配制方法	能被检出对象
浓硫酸	98% H_2SO_4	大多数有机化合物在加热后可显出黑色斑点
碘蒸气	将薄层板放入缸内被碘蒸气饱和数分钟	很多有机化合物显黄棕色
碘的氯仿溶液	0.5%碘的氯仿溶液	很多有机化合物显黄棕色
磷钼酸-乙醇溶液	5%磷钼酸-乙醇溶液,喷后于120℃烘,还原性物质显蓝色,背景变为无色	还原性物质显蓝色
铁氰化钾-氯化铁试剂	1%铁氰化钾、2%氯化铁使用前等量混合	还原性物质显蓝色,再喷 2mol/L 盐酸,蓝色加深,检验酚、胺、还原性物质
四氯邻苯二甲酸酐	2%溶液,溶剂:丙酮-氯仿(10+1)	芳烃
硝酸铈铵	含 6%硝酸铈铵的 2mol/L 硝酸溶液	薄层板在105℃烘 5min 之后,喷显色剂,多元醇在黄色底色上有棕黄色斑点
香兰素-硫酸	3g 香兰素溶于 100mL 乙醇中,再加入 0.5mL 浓硫酸	高级醇及酮呈绿色
茚三酮	0.3g 茚三酮溶于 100mL 乙醇溶液,喷后于 110℃热至斑点出现	氨基酸、胺、氨基糖

②　点样时,所有样品不能太少也不能太多,一般以样品斑点直径不超过 0.5cm 为宜。因为若样品太少,有的成分不易显出,若量过多时,易造成斑点过大,互相交叉或拖尾,不能得到很好的分离。

③　用显色剂显色时,对于未知样品,显色剂是否合适,可先取样品溶液一滴,点在滤纸上,然后滴加显色剂,观察是否有色点产生。

④　用碘薰法显色时,当碘蒸气挥发后,棕色斑点容易消失(自容器取出后,呈现的斑点一般于 2～3s 内消失),所以显色后,应立即用铅笔或小针标出斑点的位置。

实验 3.14　植物色素的提取及色谱分离

> **知识目标：**
> - 熟悉从植物中提取天然色素的原理和方法；
> - 掌握柱色谱装置的安装与操作方法；
> - 掌握薄层色谱分析方法。
>
> **能力目标：**
> - 能利用柱色谱提取植物色素。

【实验原理】

绿色植物的茎、叶中含有胡萝卜素等色素。植物色素中的胡萝卜素 $C_{40}H_{56}$ 有三种异构体,即 α、β 和 γ-胡萝卜素,其中 β 体含量较多,也最重要。β 体具有维生素 A 的生理活性,其结构是两分子的维生素 A 在链端失去两分子水结合而成的,在生物体内 β 体受酶催化氧化即形成维生素 A,目前 β 体亦可工业生产,可作为维生素 A 使用。叶绿素 a($C_{55}H_{72}MgN_4O_5$)和叶绿素 b($C_{55}H_{70}MgN_4O_5$)都是吡咯衍生物与金属镁的配合物,是植物光合作用所必需的催化剂。

本实验以石油醚和乙醇为混合溶剂,用柱色谱法进行分离,用石油醚-丙酮脱洗。

【实验仪器和试剂】

分液漏斗（250mL）	1 只	正丁醇
绿色植物叶	5g	苯
乙醇(95％)		硅胶 G
石油醚（60～90℃）		中性氧化铝
丙酮		1％羧甲基纤维素钠水溶液

【实验步骤】

（1）色素的提取

① 取 5g 新鲜的绿色植物叶子在研钵中捣烂，用 30mL（2＋1）的石油醚-乙醇分几次浸取。

② 把浸取液过滤，滤液转移到分液漏斗中，加等体积的水洗涤一次，洗涤时要轻轻振荡，以防止乳化，弃去下层的水-乙醇层。

③ 石油醚层再用等体积的水洗两次，以除去乙醇和其他水溶性物质。

④ 有机相用无水硫酸钠干燥后转移到另一锥形瓶中保存，取一半做柱色谱分离，其余留作薄层分析。

（2）色素的分离和分析

① 柱色谱分离。用 25mL 酸式滴定管，20g 中性氧化铝装柱。先用（9＋1）的石油醚-丙酮洗脱，当第一个橙黄色带流出时，换一接受瓶接收，它是胡萝卜素，约用洗脱剂 50mL（若流速慢，可用水泵稍减压）。换用（7＋3）的石油醚-丙酮洗脱，当第二个棕黄色带流出时，换一接受瓶接收，它是叶黄素，约用洗脱剂 200mL。再换用（3＋1＋1）的正丁醇-乙醇-水洗脱，分别接收叶绿素 a（蓝绿色）和叶绿素 b（黄绿色），约用洗脱剂 30mL。

② 薄层色谱分析。在 10cm×4cm 的硅胶板上，分离后的胡萝卜素点样用（9＋1）的石油醚-丙酮展开，可出现 1～3 个黄色斑点。分离后的叶黄素点样，用（7＋3）的石油醚-丙酮展开，一般可呈现 1～4 个点。取 4 块板，一边点色素提取液点。另一边分别点柱层分离后的 4 个试液，用（8＋2）的苯-丙酮展开，或用石油醚展开，观察斑点的位置并排列出胡萝卜素、叶绿素和叶黄素的 R_f 值大小的次序。

第4章 有机化合物的制备技术

知识目标：
- 了解物质制备的步骤和方法设计；
- 掌握物质制备常用的仪器和设备；
- 掌握物质制备装置的操作方法及粗产品的精制方法；
- 掌握转化率和产率的计算方法。

能力目标：
- 能应用所学知识设计物质制备的步骤和方法；
- 能操作物质制备装置和产品精制装置；
- 能根据转化率和产率解释可能存在的问题。

4.1 概述

有机化合物的制备就是利用化学方法将单质、简单的无机物或有机物合成较复杂的有机物的过程；或者将较复杂的物质分解成较简单的物质的过程；以及从天然产物中提取出某一组分或对天然物质进行加工处理的过程。

自然界慷慨地赐予人类大量的物质财富。例如矿产资源、石油、天然气和无穷无尽的动植物资源。正是这些物质养育了人类，给人类社会带来了现代文明和繁荣。但是天然存在的物质数量虽多，种类却有限，而且大多是以复杂形式存在，难以满足现代科学技术、工农业生产以及人们日常生活的需求。于是人们就设法制备所需要的各种物质，如医药、染料、化肥、食品添加剂、农用杀虫剂、各种高分子材料等。可以说，当今人类社会的生存和发展，已离不开物质的制备技术。因此，熟悉、掌握物质制备的原理、技术和方法是化学、化工专业学生必须具备的基本技能。

要制备一种物质，首先要选择正确的制备路线与合适的反应装置。通过一步或多步反应制得的物质往往是与过剩的反应物以及副产物等多种物质共存的混合物，还需通过适当的手段对物质进行分离和净化，才能得到纯度较高的产品。

4.1.1 制备路线的选择

一种化合物的制备路线可能有多种，但并非所有的路线都能适用于实验室或工业生产。对于化学工作者来说，选择正确的制备路线是极为重要的。比较理想的制备路线应具备下列条件：

① 原料资源丰富，便宜易得，生产成本低；

② 副反应少，产物容易纯化，总收率高；

③ 反应步骤少，时间短，能耗低，条件温和，设备简单，操作安全方便；

④ 不产生公害，不污染环境，副产品可综合利用。

在物质的制备过程中，还经常需要应用一些酸、碱及各种溶剂作为反应的介质或精制的辅助材料。如能减少这些材料的用量或用后能够回收，便可节省费用，降低成本。另一方面，制备中如能采取必要措施避免或减少副反应的发生及产品纯化过程中的损失，就可有效地提高产品的收率。

总之，选择一个合理的制备路线，根据不同原料有不同的方法。何种方法比较优越，需要综合考虑各方面繁杂因素，最后确定一个效益较高、切实可行的路线和方法。

4.1.2　反应装置的选择

选择合适的反应装置是保证实验顺利进行和成功的重要前提。制备实验的装置是根据制备反应的需要来选择的，若所制备的是气体物质，就需选用气体发生装置。若所制备的是固体或液体物质，则需根据反应条件的不同，反应原料和反应产物性质的不同，选择不同的实验装置。实验室中，有机物的制备，由于反应时间较长、溶剂易挥发等特点，多需采用回流装置。回流装置的类型较多，如普通回流装置，带有气体吸收的回流装置，带干燥管的回流装置，带水分离器的回流装置，带电动搅拌、滴加物料及测温仪的回流装置等。可根据反应的不同要求，正确地进行选择。

4.1.3　精制方法的选择

制备的产物常常是与过剩的原料、溶剂和副产物混合在一起的，要得到纯度较高的产品，还需要进行精制。精制的实质就是把所需要的反应产物与杂质分离开来，这就需要根据反应产物与杂质理化性质的差异，选择适当的混合物分离技术。一般气体产物中的杂质，可通过装有液体或固体吸收剂的洗涤瓶或洗涤塔除去；液体产物可借助萃取或蒸馏的方法进行纯化；固体产物则可利用沉淀分离、重结晶或升华的方法进行精制。有时还可以通过离子交换或色层分离的方法来达到纯化物质的目的。

4.1.4　制备实验的准备

在确定了制备路线、反应装置和精制方法以后，还需要查阅有关资料，了解原料和产物的物理、化学性质；准备好实验仪器和试剂；然后制定实验计划并按计划完成制备实验。制备实验的准备主要包括以下两个方面的内容。

（1）查阅有关资料

了解实验所用试剂、溶剂及产物的物理常数、化学性质，可以更好地控制制备反应条件和指导精制操作。这些资料可通过查阅有关工具书获得。

（2）试剂和仪器的准备

制备实验所用的原料和溶剂除要求价格低廉、来源方便外，还要考虑其毒性、极性、可燃性、挥发性以及对光、热、酸、碱的稳定性等因素。在可能的情况下，应尽量选用毒性较小、燃点较高、挥发性小、稳定性好的实验试剂。

有些试剂久置后会发生变化，使用前需纯化处理。

有些制备反应，如酯化反应、傅-克反应和格氏反应等，要求无水操作，需要干燥的玻璃仪器。仪器的干燥必须提前进行，绝不可用刚刚烘干、尚未完全降温的玻璃仪器盛装试剂，以免仪器骤冷炸裂或试剂受热挥发、局部过热氧化和分解等事故发生。

4.2　液体和固体物质的制备及精制

制备液体或固体物质，可根据反应的实际需要选择不同的仪器或装置。在实验中，试管、烧杯和锥形瓶等常用作反应容器，可根据物料性能及用量的多少酌情选择使用，如甲基橙的制备即可用烧杯作反应容器；许多有机物的制备反应，往往需要在溶剂中进行较长时间的加热，如1-溴丁烷的制备等。这类情况应根据需要，选用圆底烧瓶、双颈瓶或三颈瓶等作为反应容器，配以冷凝管，安装回流装置。

4.2.1 回流装置

在许多制备反应或精制操作（如重结晶）中，为防止在加热时反应物、产物或溶剂的蒸发逸散，避免易燃、易爆或有毒物造成事故与污染，并确保产物收率，可在反应容器上垂直地安装一支冷凝管。反应（或精制）过程中产生的蒸气经过冷凝管时被冷凝，又回流到原反应容器中。像这样连续不断地沸腾汽化与冷凝流回的过程称为回流。这种装置就是回流装置。

回流装置主要由反应容器和冷凝管组成。反应容器中加入参与反应的物料和溶剂等。根据需要可选用单颈、双颈或三颈圆底烧瓶作反应容器。冷凝管的选择要依据反应混合物沸点的高低。一般多采用球形冷凝管，其冷凝面积较大，冷却效果较好。通常在冷凝管的夹套中自下而上通入自来水进行冷却。当被加热的液体沸点高于140℃时，可选用空气冷凝管。若被加热的液体沸点很低或其中有毒性较大的物质时，则可选用蛇形冷凝管，以提高冷却效率。

实验时，还可根据反应的不同需要，在反应容器上装配其他仪器，构成不同类型的回流装置。

（1）普通回流装置

普通回流装置见图3-12，由圆底烧瓶和冷凝管组成。

普通回流装置适用于一般的回流操作，如乙酰水杨酸的制备实验。

（2）带有气体吸收的回流装置

带有气体吸收的回流装置如图4-1（a）所示。与普通回流装置不同的是多了一个气体吸收装置，见图4-1（b）、（c）。由导管导出的气体通过接近水面的漏斗口（或导管口）进入水中。

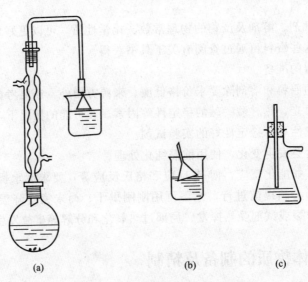

(a)　　　　　　　　(b)　　　(c)

图4-1　带有气体吸收的回流装置

使用此装置要注意：漏斗口（或导管口）不得完全浸入水中；在停止加热前（包括在反应过程中因故暂停加热）必须将盛有吸收液的容器移去，以防倒吸。

此装置适用于反应时有水溶性气体，特别是有害气体（如氯化氢、溴化氢、二氧化硫等）产生的实验，如 1-溴丁烷的制备实验。

（3）带有干燥管的回流装置

带有干燥管的回流装置见图 4-2，与普通回流装置不同的是在回流冷凝管的上端装配有干燥管，以防止空气中的水汽进入反应瓶。

为防止系统被密闭，干燥管内不要填装粉末状干燥剂。可在管底塞上脱脂棉或玻璃棉，然后填装颗粒状或块状干燥剂，如无水氯化钙等，最后在干燥剂上塞以脱脂棉或玻璃棉。干燥剂和脱脂棉或玻璃棉都不能装（或塞）得太实，以免堵塞通道，使整个装置成为密闭系统而造成事故。

带有干燥管的回流装置适用于水汽的存在会影响反应正常进行的实验。

（4）带有搅拌器、测温仪及滴加液体反应物的回流装置

这种回流装置见图 4-3，与普通回流装置不同的是增加了搅拌器、测温仪及滴加液体反应物的装置。

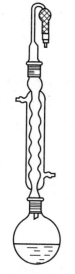

图 4-2　带有干燥管　　　　　图 4-3　带有搅拌器、测温仪及滴加
　　的回流装置　　　　　　　　　　液体反应物的回流装置

搅拌能使反应物之间充分接触，使反应物各部分受热均匀，并使反应放出的热量及时散开，从而使反应顺利进行。使用搅拌装置，既可缩短反应时间，又能提高反应产率。常用的搅拌装置是电动搅拌器。

用于回流装置中的电动搅拌器一般具有密封装置。实验室用的密封装置有三种：简易密封装置、液封装置和聚四氟乙烯密封装置。如图 4-4 所示。

一般实验可采用简易密封装置，如图 4-4（a）所示。制作方法是在反应容器的中口配上塞子，塞子中央钻一光滑、垂直的孔，插入长 6～7cm、内径比搅拌棒稍大一些的玻璃管，使搅拌棒可以在玻璃内自由地转动。取一段长约 2cm、弹性较好、内径能与搅拌棒紧密接触的橡皮管，套于玻璃管上端，然后从玻璃管下端插入已制好的搅拌棒，这样，固定在玻璃管

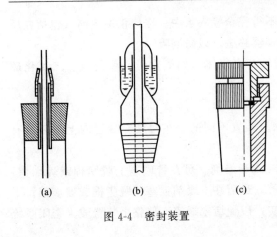

(a)　　　　　(b)　　　　　(c)

图 4-4　密封装置

上端的橡皮管因与搅拌棒紧密接触而起到了密封作用。在搅拌棒与橡皮管之间涂抹几滴甘油，可起到润滑和加强密封的作用。

液封装置如图 4-4（b）所示。其主要部件是一个特制的玻璃封管，可用石蜡油或甘油作填充液（油封闭器），也可用水银作填充液（汞封闭器）进行密封。

聚四氟乙烯密封装置如图 4-4（c）所示。主要由置于聚四氟乙烯瓶塞和螺旋压盖之间的硅橡胶密封圈起密封作用。

密封装置装配好后，将搅拌棒的上端用橡皮管与固定在电动机转轴上的一短玻璃棒连接，下端距离三颈瓶底约 5mm。在搅拌中要避免搅拌棒与塞中的玻璃管或瓶底相碰撞。三颈瓶的中间颈要用铁夹夹紧与电动搅拌器固定在同一铁架台上。进一步调整搅拌器或三颈瓶的位置，使装置正直。先用手转动搅拌器，应无内外玻璃互相碰撞声。然后低速开动搅拌器，试验运转情况，当搅拌棒和玻璃管、瓶底间没有摩擦的声音时，方可认为仪器装配合格，否则需要重新调整。最后再装配三颈瓶另外两个颈口中的仪器。先在一侧口中装配一个双口接管。双口接管上安装冷凝管和滴液漏斗。冷凝管和滴液漏斗也要用铁夹夹紧固定在铁架台上。再于另一侧口中装配温度计。再次开动搅拌器，如果运转正常，才能投入物料进行实验。

向反应器内滴加物料，常采用滴液漏斗、恒压漏斗或分液漏斗。滴液漏斗的特点是当漏斗颈伸入液面下时仍能从伸出活塞的小口处观察到滴加物料的速度。恒压漏斗的特点是当反应器内压力大于外界大气压时仍能向反应器中顺利地滴加反应物。使用分液漏斗滴加物料，必须从漏斗颈口处观察滴加速度，当颈口伸入液面下时，就无从观察了。

带有搅拌器、测温仪及滴加物料的回流装置适用于在非均相溶液中进行，需要严格控制反应温度及逐渐加入某一反应物，或产物为固体的反应。如 β-萘乙醚的制备实验。

（5）带有水分离器的回流装置

此装置是在反应容器和冷凝管之间安装一个水分离器，见图 4-5。

带有水分离器的回流装置常用于可逆反应体系，如乙酸异戊酯的制备实验。当反应开始后，反应物和产物的蒸气与水蒸气一起上升，经过回流冷凝管被冷凝后流到水分离器中，静置后分层，反应物与产物由侧管流回反应器，而水则从反应体系中被分出。由于反应过程中不断除去了生成物之一——水，因此使平衡向增加反应产物方向移动。

当反应物及产物的密度小于水时，采用图 4-5（a）所示装置。加热前先将水分离器中装满水并使水面略低于支管口，然后放出比反应中理论出水量稍多些的水。若反应物及产物的密度大于水时，则应采用图 4-5（b）所示的水分离器。采用图 4-5（b）所示的水分离器时，应在加热前用原料物通过抽吸的方法将刻度管充满。使用带水分离器的回流装置，可在出水量达到理论出水量后停止回流。

4.2.2　回流操作要点

（1）选择反应容器和热源

根据反应物料量的不同，选择不同规格的反应容器，一般以所盛物料量占反应器容积的 1/2 左右为宜。若反应中有大量气体或泡沫产生，则应选用容积稍大些的反应器。

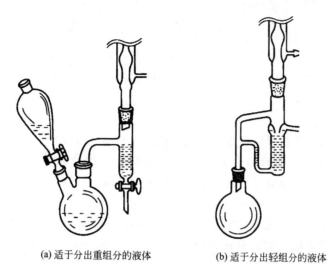

(a) 适于分出重组分的液体　　(b) 适于分出轻组分的液体

图 4-5　带有水分离器的回流装置

实验室中，加热方式较多，如水浴、油浴、火焰加热和电热套等。可根据反应物料的性质和反应条件的要求，适当地选用。

（2）装配仪器

以热源的高度为基准，首先固定反应器，然后按由下到上的顺序装配其他仪器。所有仪器应尽可能固定在同一铁架台上。各仪器的连接部位要严密。冷凝管的上口与大气相通，其下端的进水口通过胶管与水源连接，上端的出水口接下水道。整套装置要求正确、整齐和稳妥。

（3）加入物料

原料物及溶剂可事先加入反应器中，再安装冷凝管等其他装置；也可在装配完毕后由冷凝管上口用漏斗加入液体物料。沸石应事先加入。

（4）加热回流

检查装置各连接处的严密性后，通冷却水，再开始加热。最初宜缓缓升温，然后逐渐升高温度使反应液沸腾或达到要求的反应温度。反应时间以第一滴回流液落入反应器中开始计算。

（5）控制回流速度

调节加热温度及冷却水流量，控制回流速度使液体蒸气浸润面不超过冷凝管有效冷却长度的 1/3 为宜。中途不可断水。

（6）停止回流

停止回流时，应先停止加热，待冷凝管中没有蒸气后再停冷却水，稍冷后按由上到下的顺序拆除装置。

4.2.3　粗产品的精制

由化学反应装置制得的粗产物，需要采用适当的方法进行精制处理，才能得到纯度较高的产品。

4.2.3.1　液体粗产品的精制

液体粗产品通常用萃取和蒸馏的方法进行精制。

　（1）萃取

在实验室中，萃取大多在分液漏斗中进行，当需要连续萃取时，可采用索氏提取器。选择合适的有机溶剂可将有机产物从水溶液中提取出来，也可将无机产物中的有机杂质除去；通过水萃取可将反应混合物中的酸碱催化剂及无机盐洗去；用稀酸或稀碱可除去反应混合物中的碱性或酸性杂质。

　（2）蒸馏

利用蒸馏的方法，不仅可以将挥发性与不挥发性物质分离开来，也可以将沸点不同的物质进行分离。当被分离组分的沸点差在 30℃ 以上时，采用普通蒸馏即可。当沸点差小于30℃时，可采用分馏柱进行简单分馏。蒸馏和简单分馏又是回收溶剂的主要方法。有些沸点较高、加热时未达到沸点温度即容易分解、氧化或聚合的物质，需采用减压蒸馏的方式将其与杂质分离。对于那些反应混合物中含有大量树脂状或不挥发性杂质，或液体产物被反应混合物中较多固体物质所吸附时，可用水蒸气蒸馏的方法将不溶于水的产物从混合物中分离出来。

4.2.3.2　固体粗产物的精制

固体粗产物可用沉淀分离、重结晶或升华的方法来精制。

　（1）沉淀分离

沉淀分离法是选用合适的化学试剂将产物中的可溶性杂质转变成难溶性物质，再经过滤分离除去。这是一种化学方法。要求所选试剂能够与杂质生成溶解度很小的沉淀，并且在自身过量时容易除去。

　（2）重结晶

选用合适的溶剂，根据杂质含量多少的不同，进行一次或多次重结晶，即可得到固体纯品。若粗产品中含有有色杂质、树脂状聚合物等难以用结晶法除去的杂质时，可在结晶过程中加入吸附剂进行吸附。常用的吸附剂有活性炭、硅胶、氧化铝、硅藻土及滑石粉等。

当被分离混合物中有关组分性质相近、用简单的结晶方法难以分离时，也可采用分级结晶法。分级结晶法还适用于混合物中不同组分在同一溶剂中的溶解度受到温度影响差异较大的情况。

重结晶一般适用于杂质含量约在百分之几的固体混合物。若杂质过多，可在结晶前根据不同情况，分别采用其他方法进行初步提纯，如水蒸气蒸馏、减压蒸馏、萃取等，然后再进行重结晶处理。

　（3）升华

利用升华的方法可得到无水物及分析用纯品。升华法纯化固体物质需要具备两个条件：一是固体物质应有相当高的蒸气压；二是杂质的蒸气压与被精制物的蒸气压有显著的差别（一般是杂质的蒸气压低）。若常压下并不具有适宜升华的蒸气压，可采用减压的方式，以增加固体物质的汽化速度。

升华法特别适用于纯化易潮解及易与溶剂作用的物质。

对于一些产物与杂质结构类似，理化性质相似，用一般方法难以分离的混合物，采用色谱分离有时可以达到有效的分离目的而得到纯品。其中液相色谱法适用于固体和具有较高蒸气压的油状物质的分离，气相色谱法适用于容易挥发的物质的分离。

4.2.3.3　干燥

无论液体产物还是固体产物，在精制过程中，常需要通过干燥以除去其中所含少量水分或其他溶剂。液体产物中的水分或溶剂，可使用干燥剂或通过选择合适的溶剂形成二元共沸混合物经蒸馏除去。固体产物中的水分或溶剂可根据物质的性质选用自然干燥、加热干燥、红外线干燥、冷冻干燥或干燥器等方法进行干燥。

4.3　转化率和产率的计算及讨论

4.3.1　转化率和产率的计算

制备实验结束后，要根据基准原料的实际消耗量和初始量计算转化率，根据理论产量和实际产量计算产率。

$$转化率 = \frac{基准原料的实际消耗量}{基准原料的初始量} \times 100\%$$

$$产率 = \frac{实际产量}{理论产量} \times 100\%$$

为了提高转化率和产率，常常增加某一反应物的用量。计算转化率和产率时，以不过量的反应物为基准原料。

基准原料的实际消耗量：指实验中实际消耗的基准原料的质量。

基准原料的初始量：指实验开始时加入的基准原料的质量。

实际产量：指实验中实际得到纯品的质量。

理论产量：指按反应方程式，实际消耗的基准原料全部转化成产物的质量。

4.3.2　影响产率的因素

物质制备实验的实际产量往往达不到理论值，这是因为有下列因素的影响。

① 反应可逆：在一定条件下，化学反应建立了平衡，反应物不可能全部转化成产物。

② 有副反应发生：有机反应比较复杂，在发生主反应的同时，一部分原料消耗在副反应中。

③ 反应条件不利：在制备反应中，若反应时间不足、温度控制不好或搅拌不够充分等都会引起实验产率降低。

④ 分离和纯化过程中造成的损失：有时制备反应所得粗产物的量较多，但却由于精制过程中操作失误，使产率大大降低了。

4.3.3　提高产率的措施

（1）破坏平衡

对于可逆反应，可采取增加一种反应物的用量或除去产物之一（如分去反应生成的水）的方法，以破坏平衡，使反应向正方向进行。究竟选择哪一种反应物过量，要根据反应的实际情况、反应的特点、各种原料的相对价格、在反应后是否容易除去以及对减少副反应是否有利等因素来决定。如乙酸异戊酯的制备中，主要原料是冰醋酸和异戊醇。相对来说，冰醋酸价格较低，不易发生副反应，在后处理时容易分离，所以选择冰醋酸过量。

（2）加催化剂

在许多制备反应中，如能选用适当的催化剂，就可加快反应速率，缩短反应时间，提高实验产率，增加经济效益。如乙酰水杨酸的制备中，加入少量浓硫酸，可破坏水杨酸分子内氢键，促使酰化反应在较低温度下顺利进行。

（3）严格控制反应条件

实验中若能严格地控制反应条件，就可有效地抑制副反应的发生，从而提高实验产率。如 1-溴丁烷的制备中，加料顺序是先加硫酸，再加正丁醇，最后加溴化钠。如果加完硫酸后即加溴化钠，就会立刻产生大量溴化氢气体逸出，不仅影响实验产率，而且严重污染空气。在硫酸亚铁铵的制备中，若加热时间过长，温度过高，就会导致大量 Fe（Ⅲ）杂质的生成。在乙烯的制备中若温度不快速升至 160℃，则会增加副产物乙醚生成的机会。在乙酸异戊酯的制备中，如果分出水量未达到理论值就停止回流，则会因反应不完全而引起产率降低。

在某些制备反应中，充分的搅拌或振摇可促使多相体系中物质间的接触充分，也可使均相体系中分次加入的物质迅速而均匀地分散在溶液中，从而避免局部浓度过高或过热，以减少副反应的发生。如甲基橙的制备就需要在冰浴中边缓慢加试剂边充分搅拌，否则将难以使反应液始终保持低温环境，造成重氮盐的分解。

（4）细心精制粗产物

为避免和减少精制过程中不应有的损失，应在操作前认真检查仪器，如分液漏斗必须经过涂油试漏后方可使用，以免萃取时产品从旋塞处漏失。有些产品微溶于水，如果用饱和食盐水进行洗涤便可减少损失。分离过程中的各层液体在实验结束前暂时不要弃去，以备出现失误时进行补救。重结晶时，所用溶剂不能过量，可分批加入，以固体恰好溶解为宜。需要低温冷却时，最好使用冰水浴，并保证充分的冷却时间，以避免由于结晶析出不完全而导致的收率降低。过量的干燥剂会吸附产品造成损失，所以干燥剂的使用应适量，要在振摇下分批加入至液体澄清透明为止。一般加入干燥剂后需要放置 30min 左右，以确保干燥效果。有些实验所需时间较长，可将干燥静置这一步作为实验的暂停阶段。抽滤前，应将吸滤瓶洗涤干净，一旦透滤，可将滤液倒出，重新抽滤。热过滤时，要使漏斗夹套中的水保持沸腾，以避免结晶在滤纸上析出而影响收率。

总之，要在实验的全过程中，对各个环节考虑周全，细心操作。只有在每一步操作中都有效地保证收率，才能使实验最终有较高的收率。

实验 4.1　1-溴丁烷的制备

知识目标：
- 掌握以醇为原料制备卤代烃的原理和方法；
- 掌握带有吸收有害气体装置的回流操作方法；
- 掌握液体化合物的洗涤、干燥、蒸馏等基本操作。

能力目标：
- 能利用正丁醇与溴化氢制备 1-溴丁烷；
- 熟练操作回流装置。

【实验原理】

实验室中醇和氢卤酸反应可以制备一卤代烷。如果用此法制备溴代烷，可以用溴化钠和浓硫酸反应得到氢溴酸，然后与正丁醇作用制备 1-溴丁烷。由于有硫酸的存在会使醇脱水而生成副产物烯烃和醚。

主反应：

$$NaBr + H_2SO_4 \longrightarrow HBr + NaHSO_4$$

$$CH_3CH_2CH_2CH_2OH + HBr \xrightleftharpoons{H^+} CH_3CH_2CH_2CH_2Br + H_2O$$

副反应：

$$CH_3CH_2CH_2CH_2OH \xrightarrow[\triangle]{H_2SO_4} CH_3CH_2CH=CH_2 + H_2O$$

$$2CH_3CH_2CH_2CH_2OH \xrightarrow[\triangle]{H_2SO_4} CH_3CH_2CH_2CH_2OCH_2CH_2CH_2CH_3 + H_2O$$

$$2HBr + H_2SO_4 \xrightarrow{\triangle} Br_2 + SO_2 \uparrow + 2H_2O$$

主反应为可逆反应，为使反应向右移动，提高产率，本实验采用增加溴化钠和硫酸的用量，即保证溴化氢有较高的浓度，以加速正反应的进行。

【实验仪器和试剂】

试剂：

正丁醇	10mL
无水溴化钠	12.5g
浓硫酸（相对密度 1.84）	15mL
碳酸钠溶液（10%）	10mL
无水氯化钙	2g

仪器：

圆底烧瓶（100mL）	2个	球形冷凝管	1个
温度计	1支	直形冷凝管	1个
玻璃漏斗	1个	分液漏斗	2个
接液管	1个	蒸馏头	1个
烧杯（200mL）	2个	锥形瓶（100mL）	3个
电热套	1个		

【实验步骤】

① 在 100mL 圆底烧瓶中，放入 15mL 水，慢慢地加入 15mL 浓硫酸，混合均匀并冷却至室温。然后加入 10mL 正丁醇、12.5g 研细的无水溴化钠，充分振摇，再投入几粒沸石。装上球形冷凝管及气体吸收装置（见图 4-1）。用电热套加热，缓慢升温，使反应呈微沸，并经常振摇烧瓶，回流约 1h。

② 冷却后，改为蒸馏装置（见图 3-1），添加沸石，加热蒸馏至无油滴落下为止。烧瓶中的残液趁热倒入废液缸中，防止硫酸氢钠冷却后结块，不易倒出。

③ 将蒸出的粗 1-溴丁烷转入分液漏斗中，用 15mL 水洗涤，小心地将下层粗产品转入另一干燥的分液漏斗中，用 5mL 浓硫酸洗涤。仔细分去下层酸液，有机层依次用水、碳酸钠溶液和水各 10mL 洗涤。将下层产品放入一干燥的小锥形瓶中。

④ 加入 2g 无水氯化钙干燥，配上塞子，充分摇动至液体澄清，并静置 30min。

⑤ 安装好干燥的普通蒸馏装置，通过长颈漏斗用倾滗法将液体倒入 100mL 蒸馏烧瓶中，投入 1~2 粒沸石，加热蒸馏，收集 99~103℃的馏分。称重并计算产率。

⑥ 纯 1-溴丁烷为无色透明液体，沸点 101.6℃，d_4^{20} 1.2758。n_D^{20} 1.4401。

【注意事项】

① 如不充分摇动并冷却至室温，加入溴化钠后，会和浓硫酸反应生成溴，使溶液变成红色，影响产品的纯度和产率。

② 1-溴丁烷是否蒸完，可从下面三个方面判断：

· 馏出液是否由浑浊变为澄清；

· 蒸馏烧瓶中上层油层是否消失；

· 取一支试管收集几滴馏出液，加入少量水摇动，无油珠出现，则表示有机物已被蒸完。

③ 用水洗涤后馏出液如有红色，是因为溴化钠被硫酸氧化生成溴的缘故，可以加入 $10 \sim 15mL$ 饱和亚硫酸氢钠溶液洗涤除去。

④ 浓硫酸可溶解少量的未反应的正丁醇和副产物丁醚等杂质，使用干燥分液漏斗的目的是防止漏斗中残余的水分稀释浓硫酸而降低洗涤效果。残存的正丁醇和 1-溴丁烷可形成共沸物（沸点 98.6℃，含正丁醇 13%）而难以除去。

【思考题】

① 本实验中，先使 NaBr 与浓 H_2SO_4 混合，然后加正丁醇及水，可以吗？为什么？

② 反应后的粗产物中含有哪些杂质？各步洗涤的目的是什么？

③ 从反应混合物中分离出粗品 1-溴丁烷，为什么要用蒸馏的方法，而不用分液漏斗分离？

④ 实验中浓硫酸的作用是什么？

⑤ 为何用饱和碳酸氢钠溶液洗涤前后都要用水洗一次？

实验 4.2 环己烯的制备

知识目标：
- 学习酸催化下由醇脱水制备烯烃的原理和方法；
- 掌握萃取、分馏和蒸馏的基本操作技能。

能力目标：
- 能利用环己醇通过萃取分馏装置制备环己烯。

【实验原理】

实验室制备烯烃的主要方法是醇分子内脱水和卤代烃脱卤化氢。醇分子内脱水可采用氧化铝在高温下进行催化脱水，或者在酸催化下脱水的方法。常用的酸催化剂有硫酸、磷酸、五氧化二磷等。

本实验是在浓磷酸催化下，由环己醇制备环己烯。反应式如下：

$$\underset{}{\bigcirc}\!\!\text{OH} \xrightarrow[\triangle]{H_3PO_4} \bigcirc + H_2O$$

由于整个反应是可逆的，为了提高反应的产率，必须及时地把生成的烯烃蒸出。这样还可避免烯烃的聚合和醇分子间的脱水等副反应的发生。

【实验步骤】

在干燥的 50mL 圆底烧瓶中，加入 10g（1.4mL，约 0.1mol）环己醇、4mL 浓磷酸（或 2mL 浓硫酸）和 2～3 粒沸石，充分振荡，使之混合均匀。在圆底烧瓶上装一支短分馏柱，其支管连接一直形冷凝管，接受瓶置于冷水浴中收集馏液。在分馏柱顶部装温度计，以测量顶部温度。

用小火徐徐升温，使混合物沸腾，注意控制分馏柱顶部的温度不要超过 90℃，慢慢地蒸出生成的环己烯和水（浑浊液体）。若无液体蒸出时，可把火加大。当烧瓶中只剩下很少的残渣并出现阵阵白雾时，即可停止加热。全部蒸馏时间约为 1h。

　　搅拌下，向馏出液中逐渐加入食盐至饱和，然后转移到分液漏斗中，加入 5mL 5％碳酸钠溶液，振荡后静置分层。分出水层后，将有机相倒入一干燥的锥形瓶中，加入 1~2g 无水氯化钙干燥。

　　待溶液清亮透明后（约 0.5h），倾析到圆底烧瓶中，加入 2~3 粒沸石，用水浴加热蒸馏，收集 80~85℃ 的馏分，称量并计算产率。产量为 3.8~4.6g（产率为 46.3％~56.1％）。若蒸出产物浑浊，必须重新干燥后再蒸馏。

　　纯环己烯为无色液体，沸点 83.0℃，d_4^{20} 0.8102，n_D^{20} 1.4465。

【注意事项】

　　① 由于环己醇在常温下是黏稠状液体（熔点为 24℃），应注意转移中的损失。且环己醇有毒，不要吸入其蒸气或触及皮肤。

　　② 脱水剂可以是磷酸或硫酸。磷酸的用量必须是硫酸的一倍以上，但它却比硫酸有明显的优点：一是不产生炭渣；二是不产生难闻气味（用硫酸易生成 SO_2 副产物）。若用硫酸时，环己醇与硫酸应充分混合，否则，在加热过程中可能会局部炭化。

　　③ 最好用油浴加热，也可用电热套加热，使蒸馏烧瓶受热均匀。

　　④ 温度不宜过高，蒸馏速率不宜过快（每 2~3s 馏出 1 滴），防止环己醇与水组成的共沸物（恒沸点 97.8℃）蒸馏出来。反应中环己烯与水形成共沸物（沸点为 70.8℃，含水10％），环己醇与环己烯形成共沸物（沸点为 64.9℃，含环己醇为 30.5％），环己醇与水形成共沸物（沸点为 97.8℃，含水为 80％）。

　　⑤ 在收集和转移环己烯时，最好保持充分冷却以免因挥发而损失。环己烯有中等毒性，易燃，应远离火源，且不要吸入其蒸气或触及皮肤。

　　⑥ 加固体 NaCl 的目的是减少产物在水中的溶解度，达到更好的分离。

　　⑦ 水层应分离完全，否则将达不到干燥的目的。

　　⑧ 用无水氯化钙干燥粗产物，还可除去少量未反应的环己醇。

　　⑨ 若水浴加热蒸馏时，80℃ 以下已有大量液体馏出，可能是因为干燥不够完全所致（氯化钙用量过少或放置时间不够），应将这部分产物重新干燥并蒸馏。

【思考题】

　　① 在制备过程中，为什么要控制分馏柱顶端的温度？

　　② 在粗制的环己烯中，加入食盐使水层饱和的目的是什么？

　　③ 如用油浴加热时，要注意哪些问题？

　　④ 在蒸馏过程中的阵阵白雾是什么？

实验 4.3　乙酸丁酯的制备

> **知识目标：**
> - 掌握酯化反应原理，掌握乙酸丁酯的制备方法；
> - 掌握带水分离器回流装置的安装和使用方法；
> - 掌握蒸馏、分液漏斗的使用等基本操作。
>
> **能力目标：**
> - 利用乙酸和正丁醇带水分离器回流装置制备乙酸丁酯。

【实验原理】

本实验采用醇和有机酸在 H^+ 的存在下直接酯化生成酯。

主反应：

$$CH_3COOH + CH_3CH_2CH_2CH_2OH \rightleftharpoons CH_3COOCH_2CH_2CH_2CH_3 + H_2O$$

副反应：

$$2HOCH_2CH_2CH_2CH_3 \rightleftharpoons CH_3CH_2CH_2CH_2OCH_2CH_2CH_2CH_3 + H_2O$$

酯化反应为可逆反应，实验中采用增加反应物冰醋酸的浓度，以提高转化率。

【实验仪器和试剂】

试剂：

正丁醇	12mL
冰醋酸	9mL
浓硫酸	少量
10％碳酸钠	10mL
无水硫酸镁	1.5g

仪器：

圆底烧瓶（100mL）	2个	球形冷凝管	1个
温度计（200℃）	1支	直形冷凝管	1个
水分离器	1支	分液漏斗	2个
接液管	1个	蒸馏头	1个
锥形瓶（100mL）	2个	电热套	1个

【实验步骤】

① 在 100mL 干燥的圆底烧瓶中，加入 12mL 正丁醇、9mL 冰醋酸，滴入 3～4 滴浓硫酸，摇匀，投入沸石。按图 4-5 安装带有水分离器的回流装置。用电热套缓慢加热至回流温度，回流约 1.5h，到水分离器中水层不再增加为止。

② 将反应液冷却至室温，倒入分液漏斗中。依次用 10mL 水、10mL 10％碳酸钠和 10mL 水分别洗涤。将分离出来的上层油层倒入干燥的小锥形瓶中。

③ 在粗产品中放入约 1.5g 无水硫酸镁，充分摇匀至液体澄清，静置 30min。

④ 安装蒸馏装置一套（仪器必须干燥），将干燥后的粗酯通过漏斗滤入烧瓶中，加入几粒沸石，加热蒸馏，收集 124～127℃馏分。称重后计算产率，并测定折射率。

⑤ 纯乙酸丁酯为无色透明有水果香味的液体。沸点 126.5℃，d_4^{20} 0.8825，n_D^{20} 1.3941。

【注意事项】

① 滴加浓硫酸时，要边加边摇，以免局部炭化，必要时可用冷水冷却。

② 本实验利用共沸混合物除去酯化反应中生成的水。共沸物的沸点：乙酸丁酯-正丁醇-水的沸点为 90.7℃（含乙酸丁酯 63.0％，水 29％）；正丁醇-水的沸点为 93℃（含丁醇 55.5％）；乙酸丁酯-正丁醇的沸点为 117.6℃（含乙酸丁酯 32.8％）；乙酸丁酯-水的沸点为 90.7℃（含乙酸丁酯 72.9％）。共沸混合物冷凝为液体时，分为两层，上层为含少量水的酯和醇，下层主要是水。

③ 随时分出分水器中的水，既要保证有机物流回反应瓶中，又要防止水回到反应瓶中。

④ 根据分出的总水量（扣除预先加到分水器中的水量），可以粗略地估计酯化反应完成的程度。

⑤ 碳酸钠溶液洗涤时产生的大量二氧化碳气体要及时从分液漏斗中放出。

⑥ 干燥一定要充分，否则乙酸丁酯和水形成低沸点的共沸物，影响产率。

【思考题】

① 粗产品中含有哪些杂质？

② 本实验是根据什么原理来提高乙酸丁酯的产率的？

③ 本实验应得到无色透明的液体，而有的同学得到的却是浑浊的液体，为什么？

实验 4.4　乙酸乙酯的制备

> **知识目标：**
>
> - 掌握酯化反应原理，掌握乙酸乙酯的制备方法；
> - 掌握反应蒸馏装置的安装和使用方法；
> - 掌握蒸馏、分液漏斗的使用等基本操作。
>
> **能力目标：**
>
> - 利用反应蒸馏装置制备乙酸乙酯。

【实验原理】

在浓硫酸催化下，乙酸和乙醇发生酯化反应生成乙酸乙酯：

$$CH_3COOH + CH_3CH_2OH \xrightarrow[110 \sim 120℃]{H_2SO_4} CH_3COOC_2H_5 + H_2O$$

为了提高反应的产率，本实验采用加入过量的乙醇及不断把反应生成的酯和水蒸出的方法。反应时需要控制温度，若温度过高，将有乙醚等副产物生成：

$$2CH_3CH_2OH \xrightleftharpoons[140℃]{H_2SO_4} CH_3CH_2OCH_2CH_3 + H_2O$$

【实验步骤】

① 在 250mL 三口瓶中，加入 9mL（0.15mol，7.1g）95％乙醇，摇动下慢慢加入 12mL（0.22mol，22g）浓硫酸使混合均匀，并加入几粒沸石。三口瓶的中间口安装蒸馏装置，旁边两侧口分别安装温度计和滴液漏斗，温度计的水银球和滴液漏斗末端应浸入液面以下，距瓶底 0.5～1cm。

② 在滴液漏斗内加入 14mL（0.23mol，11.2g）95％乙醇 和 14.3mL（0.25mol，14.7g）冰醋酸的混合液，先向瓶内滴入 3～4mL 混合液，然后将三口瓶加热到 110～120℃，这时蒸馏管口应有液体流出，再自滴液漏斗慢慢滴入其余的混合液，控制滴加速率和馏出速率大致相等，并维持反应温度在 110～120℃之间。滴加完毕后，继续加热 15min，直至温度升高到 130℃不再有馏出液为止。

③ 摇动下向馏出液中慢慢加入饱和碳酸钠溶液（约 10mL），轻轻摇动锥形瓶，直到无二氧化碳气体逸出（或用 pH 试纸调节至 pH 为 7～9），然后将混合液转入分液漏斗中，分去下层水溶液。有机层依次用 10mL 饱和食盐水洗涤一次、饱和氯化钙洗涤两次，每次 10mL。有机层倒入一干燥的锥形瓶中，用无水硫酸镁干燥。

④ 将干燥后的有机层倾析到 25mL 蒸馏瓶中，加热蒸馏，收集 73～78℃馏分，产量约为 10g（产率约为 45.4％）。

纯乙酸乙酯为无色而有香味的液体，沸点 77.1℃，d_4^{20} 0.9003，n_D^{20} 1.3723。

【注意事项】

① 温度不宜过高，否则会增加副产物乙醚的含量。滴加速率太快会导致乙酸和乙醇来不及作用而被蒸出。

② 在馏出液中除了酯和水外，还含有少量未反应的乙醇和乙酸，同时含有副产物乙醚。故必须用碱除去其中的酸，并用饱和氯化钙除去未反应的醇，否则会影响酯的产率［见注意事项④］。

③ 当有机层用碳酸钠洗过后，如果直接用氯化钙溶液洗涤，会产生絮状碳酸钙沉淀，使分离变得困难，故两步操作间需用水洗。由于乙酸乙酯在水中有一定的溶解度，为了尽量减少损失，用饱和食盐水来代替水洗。

④ 乙酸乙酯与水或乙醇可分别生成共沸混合物，若三者共存，则生成三元共沸混合物。因此，有机层中的乙醇不除净或干燥不够时，由于形成低沸点共沸混合物，从而影响酯的产率。

【思考题】

① 酯化反应有何特点？在实验中采取了哪些措施使反应向生成酯的方向进行？

② 本实验若采用醋酸过量，该做法是否合适？为什么？

实验 4.5　乙酸异戊酯的制备

> **知识目标：**
> - 掌握酯化反应原理，掌握乙酸异戊酯的制备方法；
> - 掌握带水分离器回流装置的安装和使用方法；
> - 掌握蒸馏、分液漏斗的使用等基本操作。
>
> **能力目标：**
> - 熟练利用带水分离器回流装置制备酯。

【实验原理】

在浓硫酸催化下，乙酸和异戊醇发生酯化反应生成乙酸异戊酯，制备时要控制反应温度以免副产物增多。

主反应：

$$CH_3COOH + (CH_3)_2CHCH_2CH_2OH \xrightleftharpoons{H^+} CH_3COOCH_2CH_2CH(CH_3)_2 + H_2O$$

副反应：

$$(CH_3)_2CHCH_2CH_2OH \xrightleftharpoons{H^+} (CH_3)_2CHCH_2CH_2OCH_2CH_2CH(CH_3)_2 + H_2O$$

$$(CH_3)_2CHCH_2CH_2OH \xrightleftharpoons{H^+} (CH_3)_2C{=}CHCH_3 + H_2O$$

为了提高反应的产率，原料之一的乙酸需过量。

【实验步骤】

① 将 10.8mL（0.1mol，8.8g）异戊醇和 12.8mL（0.22mol，13.5g）冰醋酸加入 50mL 干燥的圆底烧瓶中，摇动下慢慢加入 2.5mL 浓硫酸，混匀后加入几粒沸石，装上回流冷凝管，小火加热回流 1h。

② 将反应物冷至室温，小心转入分液漏斗中，用 25mL 冷水洗涤烧瓶，并将其合并到分液漏斗中。振摇后静置，分出下层水溶液，有机层先用 5％碳酸氢钠溶液洗涤两次，每次 15mL（水溶液对 pH 试纸呈碱性）。然后再用 10mL 饱和的氯化钠水溶液洗涤，分出水层，有机层倒入一干燥的锥形瓶中，用 1～2g 无水硫酸镁干燥。干燥后的粗产物倾析到圆底烧瓶中，蒸馏收集 138～143℃馏分，产量约 9g（产率约为 68.2％）。

纯的乙酸异戊酯为无色透明液体，沸点 142.5℃，d_4^{20} 0.8670，n_D^{20} 1.4003。

【注意事项】

① 假如浓硫酸与有机物混合不均匀，加热时会使有机物炭化，溶液发黑。

② 用碳酸氢钠溶液洗涤时，会产生大量的二氧化碳，因此开始要打开顶塞，摇动分液漏斗至无明显气泡产生后再塞住瓶口振摇，并注意及时放气。

③ 氯化钠饱和液不仅降低酯在水中的溶解度（0.169g/100mL），而且可以防止乳化，有利分层，便于分离。

【思考题】

① 制备乙酸乙酯时，使用过量的醇，本实验为何要用过量的乙酸？如使用过量的异戊醇有什么不好？

② 画出分离提纯乙酸异戊酯的流程图，各步洗涤的目的何在？

实验 4.6　邻苯二甲酸二丁酯的制备

知识目标：

● 掌握酯化反应原理，掌握邻苯二甲酸二丁酯的制备方法；

● 掌握带水分离器回流装置的安装和使用方法；

● 掌握蒸馏、分液漏斗的使用等基本操作。

能力目标：

● 熟练利用减压蒸馏装置的安装和操作。

【实验原理】

本实验采用邻苯二甲酸酐与正丁醇在硫酸催化下反应制得邻苯二甲酸二丁酯。

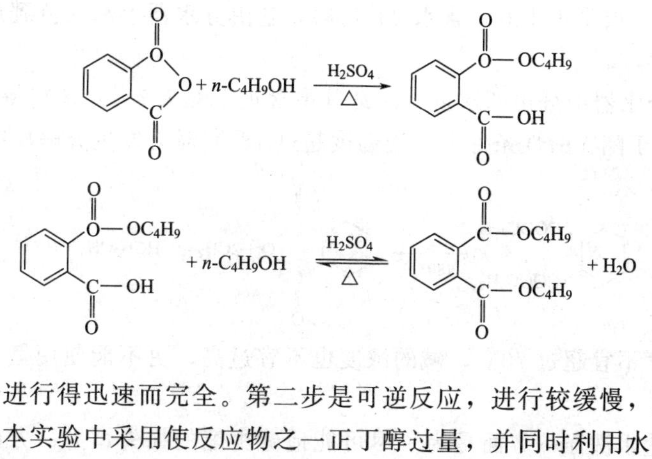

反应的第一步进行得迅速而完全。第二步是可逆反应，进行较缓慢，为使反应向生成二丁酯的方向进行，本实验中采用使反应物之一正丁醇过量，并同时利用水分离器将反应中生成的水不断地从反应体系中移去。

【实验仪器和试剂】

试剂：

邻苯二甲酸酐	12g
正丁醇	26mL
浓硫酸	1 mL
碳酸钠溶液（5%）	30mL
饱和食盐水	30mL

仪器：

三颈瓶（100mL）	1只	圆底烧瓶（50mL）	1只
球形冷凝管	1支	减压蒸馏装置	1套
温度计（200℃，250℃）	各1支	水分离器	1支
分液漏斗	1支	电热套	1台
pH试纸			

【实验步骤】

① 在100mL三颈瓶中加入12g邻苯二甲酸酐、26mL正丁醇和几粒沸石，振摇下滴入1mL浓硫酸。依图4-5在三颈瓶的中口安装带有水分离器的回流装置，水分离器中加入正丁醇至与支管口处相平。封闭三颈瓶的一侧口，另一侧口安装温度计，水银球应位于离烧瓶底部0.5～1cm处。

② 用电热套缓慢加热至混合物微沸，当邻苯二甲酸酐固体消失，标志第一步反应完成。很快就有正丁醇-水的共沸物蒸出，并可看到有小水珠逐渐沉到分水器的底部，正丁醇仍回流到反应瓶中参与反应。随着反应的进行，瓶内的反应温度缓慢上升，当温度升至140℃时便可停止反应，反应时间约2h。

③ 当反应液冷却至70℃以下时，将其移入分液漏斗中，先用30mL 5%的Na_2CO_3洗涤两次，再用30mL饱和食盐水洗涤两至三次，使之呈中性。

④ 将洗涤过的粗酯倒入50mL圆底烧瓶中，安装减压蒸馏装置。先减压下蒸出正丁醇，再收集180～190℃/1333Pa（10mmHg）的馏分，称重并计算产率。

⑤ 纯邻苯二甲酸二丁酯是无色透明、具有芳香气味的油状液体，沸点340℃。

【注意事项】

① 正丁醇-水的共沸混合物组成为：55.5%正丁醇与44.5%水，沸点93℃。共沸混合物冷凝时分为两层，上层是正丁醇（含水20.1%），它由分水器上部回流到反应瓶中，下层是水（含正丁醇7.7%）。

② 也可根据分水器中分出的水量（注意其中含正丁醇7.7%）来判断反应进行的程度。邻苯二甲酸二丁酯在酸性条件下，当温度超过180℃时易发生分解反应：

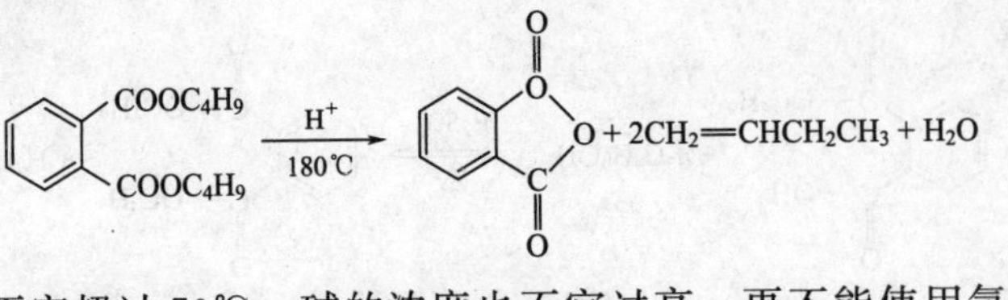

③ 碱洗时温度不宜超过70℃，碱的浓度也不宜过高，更不能使用氢氧化钠，否则会发生酯的水解反应。

④ 用饱和食盐水洗涤一方面是为了尽可能地减少酯的损失，另一方面是为了防止洗涤过程中发生乳化现象，而且这样处理后不必进行干燥即可接着进行下一步操作。

⑤ 根据真空度不同，也可收集 200～210℃/2666Pa（20mmHg）或 175～180℃/666.5Pa（5mmHg）以及 165～175℃/266.6Pa（2mmHg）的馏分。

【思考题】

① 正丁醇在硫酸作用下加热至高温，可能会发生哪些反应？若硫酸用量过多时，有什么不良影响？

② 用碳酸钠洗涤粗产品的目的是什么？操作时应注意哪些问题？

实验 4.7　正丁醚的制备

知识目标：

- 掌握由丁醇分子间脱水制备正丁醚的原理和方法；
- 掌握带水分离器回流装置的安装和使用方法；
- 掌握蒸馏、分液漏斗的使用等基本操作。

能力目标：

- 熟练使用带水分离器回流装置。

【实验原理】

醇分子间脱水是制备简单醚的常用方法，催化剂通常是硫酸、氧化铝、苯磺酸等。本实验用硫酸作催化剂，丁醇分子间脱水制备正丁醚。由于温度对反应影响很大，必须严格控制反应温度，减少副反应的发生。

主反应：

$$2n\text{-}C_4H_9OH \underset{130\sim140℃}{\overset{H_2SO_4}{\rightleftharpoons}} (n\text{-}C_4H_9)_2O + H_2O$$

副反应：

$$n\text{-}C_4H_9OH \underset{>140℃}{\overset{H_2SO_4}{\longrightarrow}} CH_3CH=CHCH_3 + CH_3CH_2CH=CH_2 + H_2O$$

为了提高可逆反应的产率，可将反应产物（醚或水）蒸出。由于原料丁醇（沸点117.7℃）和产物正丁醚（沸点142℃）的沸点都较高，因此使反应在装有分水器的回流装置中进行，使生成的水或水的共沸物不断蒸出。虽然蒸出的水中会带有丁醇等有机物，但是它们在水中的溶解度较小且相对密度比水小，所以浮在水层上面。因此借分水器可使大部分丁醇自动连续地返回反应瓶中继续反应，而水则沉于分水器的下部，根据蒸出水的体积，可以估计反应进行的程度。

【实验步骤】

① 在 100mL 三口瓶中加入 31mL 正丁醇（25.1g，0.34mol），将 4.5mL 浓硫酸分数批加入，每加入一批即充分摇振，加完后再用力充分摇匀，然后放入数粒沸石。按照图 4-6 安装实验装置。分水器内预先加水至支管口后，放出 3.5mL 水。

② 加热使瓶内液体微沸，回流分水。反应液沸腾后蒸气进入冷凝管，冷凝后滴入分水器内，水层下沉，有机层浮于水面上。待有机层液面升至支管口时即流回三口烧瓶中。平稳回流直至水面上升至与支管口下沿相齐时，即可停止反应，历时约 1.5h，反应液温度约 135℃。

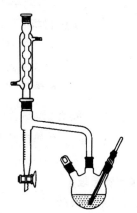

图 4-6　正丁醚
反应装置

③ 待反应液冷却后，倒入盛有 50mL 水的分液漏斗中，充分摇振，静置分层，弃去下层液体。上层粗产物依次用 25mL 水、15mL 5％氢氧化钠溶液、15mL 水和 15mL 饱和氯化钙溶液洗涤。然后用 1～2g 无水氯化钙干燥。

④ 将干燥好的粗产物倾析到蒸馏瓶中，蒸馏收集 140～144℃的馏分，产量 7～8.8g（产率为 31.7％～39.8％）。

纯的正丁醚为无色透明液体，沸点 142.2℃，$d_4^{20}0.7689$，$n_D^{20}1.3992$。

【注意事项】

① 如不充分摇匀，在酸与醇的界面处会局部过热，使部分正丁醇炭化，反应液很快变为红色甚至棕色。

② 本实验理论出水量为 3.0mL，正丁醇及浓硫酸中含有少量水，副反应产生少量水，实验出水量为 3.5mL。

③ 制备正丁醚的适宜温度为 130～140℃，但在本反应条件下会形成下列共沸物：醚-水共沸物（沸点 94.1℃，含水 33.4％）、醇-水共沸物（沸点 93.0℃，含水 44.5％）、醇-水-醚三元共沸物（沸点 90.6℃，含水 29.9％及醇 34.6％），所以在反应开始阶段，温度计的实际读数约在 100℃。随着反应进行，出水速率逐渐减慢，温度也缓缓上升，至反应结束时一般可升至 135℃或稍高一些。如果反应液温度已经升至 140℃而分水量仍未达到理论值，还可再放宽 1～2℃，但若温度升至 142℃而分水量仍未达到 3.5mL，也应停止反应，否则会有较多副产物生成。

④ 碱洗时振摇不宜过于剧烈，以免严重乳化，难以分层。

⑤ 上层粗产物的洗涤也可采用下法进行：先每次用 12mL 冷的 50％硫酸洗涤 2 次，再每次用 12mL 水洗涤 2 次。50％硫酸可洗去粗产物中的正丁醇，但正丁醚也能微溶，故产率略有降低。

【思考题】

① 为什么分水器中预先要加入一定量的水？放出的水过多或过少对实验有何影响？

② 反应物冷却后为何要倒入 50mL 水中？各步洗涤的目的何在？

③ 某同学在回流结束时，将粗产品进行蒸馏以后，再进行洗涤分液。你认为这样做有何优点？本实验略去这一步，可能会产生什么问题？

实验 4.8　硝基苯的制备

知识目标：
- 学习硝基苯的制备方法；
- 掌握 Y 形管回流装置的安装和使用方法；
- 学习 Y 形管和空气冷凝管的使用方法。

能力目标：
- 熟练使用 Y 形管回流装置。

【实验原理】

苯与混酸在 50～55℃下，可生成硝基苯，反应式如下：

$$\text{苯} + HNO_3 \xrightarrow[50\sim55℃]{H_2SO_4(浓)} \text{硝基苯}(NO_2) + H_2O$$

【实验步骤】

① 在 100mL 锥形瓶中，加入 18mL 浓硝酸，在冷却和摇荡下慢慢加入 20mL 浓硫酸制成混合酸备用。

② 在 250mL 三口瓶上分别装置搅拌器、温度计（水银球深入液面下）及 Y 形管，Y 形管的上口分别安装滴液漏斗和回流冷凝管，冷凝管上端连一玻璃弯管，并用橡皮管连接通入水槽。在瓶内放置 18mL（0.20mol，15.8g）苯，开动搅拌，自滴液漏斗逐渐加入上述制好的冷的混合酸。控制滴加速率使反应温度维持在 50～55℃ 之间，勿超过 60℃。必要时可用冷水浴冷却。滴加完毕后，将三口瓶在 60℃ 左右的热水浴上继续搅拌 15～30min。

③ 待反应物冷至室温后，倒入盛有 100mL 水的烧杯中，充分搅拌后让其静置，待硝基苯沉降后尽可能倾出酸液（倒入废物缸）。粗产品转入分液漏斗，依次用等体积的水、5％氢氧化钠溶液、水洗涤后，用无水氯化钙干燥。

④ 将干燥好的硝基苯倾析到蒸馏瓶，接空气冷凝管，加热蒸馏，收集 205～210℃ 馏分，产量约 18g（产率约为 72.0％）。

纯的硝基苯为淡黄色的透明液体，沸点 210.8℃，$d_4^{20}1.2037$，$n_D^{20}1.5562$。

【注意事项】

① 硝基化合物对人体有较大的毒性，吸入多量蒸气或被皮肤接触吸收，均会引起中毒！所以处理硝基苯或其他硝基化合物时必须谨慎小心，如不慎触及皮肤，应立即用少量乙醇擦洗，再用肥皂及温水洗涤。

② 若使用硝酸直接反应时，极易得到较多的二硝基苯，为此用混合酸进行硝化。

③ 硝化反应为放热反应，温度若超过 60℃ 时，有较多的二硝基苯生成，且也有部分硝酸和苯挥发逸去。

④ 洗涤硝基苯时，特别是用氢氧化钠溶液洗涤时，不可过分用力振荡，否则使产品乳化而难以分层。若遇此情况，可加入固体氯化钙或氯化钠饱和，或加数滴酒精，静置片刻，即可分层。

⑤ 因残留在烧瓶中的二硝基苯在高温时易发生剧烈分解而爆炸，故蒸产品时不可蒸干或使蒸馏温度超过 214℃。

【思考题】

① 本实验为什么要控制反应温度在 50～55℃ 之间？温度过高有什么不好？

② 粗产品硝基苯依次用水、碱液、水洗涤的目的何在？

③ 甲苯和苯甲酸硝化的产物是什么？你认为在反应条件上有何差异，为什么？

④ 如粗产品中有少量硝酸没有除掉，在蒸馏过程中会发生什么现象？

实验 4.9 苯胺的制备

知识目标：

- 学习苯胺的制备方法；
- 掌握酸性介质中金属还原的方法和操作；
- 巩固水蒸气蒸馏的操作方法。

能力目标：

- 能够熟练使用普通蒸馏、水蒸气蒸馏装置。

【实验原理】

芳香族硝基化合物在酸性介质中还原是制备芳香胺的主要方法。实验室常用的还原剂有 Sn-HCl、Fe-HCl、Zn-HOAc、Fe-HOAc 等。其中 Sn-HCl 的还原速率较快，Fe 作为还原剂的反应时间较长，但成本低廉；如用乙酸代替盐酸，还原时间能显著缩短，但是所需 Fe 的量大大增加。Fe 作为还原剂曾在工业上广泛应用，但因残渣铁泥难以处理，并污染环境，已被催化氢化代替。本实验以硝基苯为原料，Fe-HAc 为还原剂合成苯胺：

$$4C_6H_5NO_2 + 9Fe + 4H_2O \xrightarrow{H^+} 4C_6H_5NH_2 + 3Fe_3O_4$$

【实验步骤】

① 在 500mL 圆底烧瓶中加入 27g（0.48mol）还原铁粉、50mL 水及 3mL（0.05mol，3.1g）冰醋酸，振荡使之充分混合。装上回流冷凝管，小火加热煮沸约 10min，移去热源待稍冷后，从冷凝管顶端分批加入 15.5mL（0.15mol，18.6g）硝基苯，每次加完后要用力振摇，使反应物充分混合。加完后，将反应物加热回流 0.5h，并时常摇动，使还原反应完全，此时，冷凝管回流液应不再呈现硝基苯的黄色。

② 将反应装置改为水蒸气蒸馏装置，进行水蒸气蒸馏，至馏出液变清，再多收集 20mL 馏出液，共需收集约 150mL。将馏出液转入分液漏斗，分出有机层。水层用食盐饱和（需 35～40g 食盐）后，每次用 20mL 乙醚萃取 3 次。合并苯胺层和醚萃取液，用粒状氢氧化钠干燥。

③ 将干燥后的苯胺醚溶液进行蒸馏，先蒸去乙醚，然后将剩余的溶液转移到 25mL 干燥的蒸馏瓶中，改用空气冷凝管蒸馏，收集 180～185℃ 馏分，产量 9～10g（产率为 64.4%～71.6%）。

纯苯胺为无色液体，沸点 184.1℃，d_4^{20} 1.0217，n_D^{20} 1.5863。

【注意事项】

① 苯胺有毒，操作时应避免与皮肤接触或吸入其蒸气。若不慎触及皮肤时，应先用水冲洗，再用肥皂和温水洗涤。

② 铁粉加水、加醋酸回流的目的是使铁粉活化，缩短反应时间。铁-醋酸作为还原剂时，铁首先与醋酸作用，产生醋酸亚铁，它实际是主要的还原剂，在反应中进一步被氧化生成碱式醋酸铁。碱式醋酸铁与铁及水作用后生成醋酸亚铁，和醋酸可以再起上述反应。所以总的看来，反应中主要是水作为供质子剂提供质子，铁提供电子完成还原反应。

③ 该反应强烈放热，反应放出的热足以使溶液沸腾，故加入硝基苯时，不需要加热。

④ 由于反应是固液两相反应，因此需要经常振荡反应混合液。硝基苯为黄色油状物，如果回流液中黄色油状物消失而转变成乳白色油珠（由于游离苯胺引起），表示反应已完成。还原作用必须完全，否则残留在反应液中的硝基苯，在以下几步提纯过程中很难分离，因而影响产品纯度。反应完成后，圆底烧瓶壁上初附的黑褐色物质，可用 1∶1（体积比）盐酸水溶液温热除去。

⑤ 在 20℃ 时，每 100mL 水可溶解 3.4g 苯胺，为了减少苯胺损失，根据盐析原理，加入精盐使馏出液饱和，原来溶于水中的绝大部分苯胺就呈油状物析出。

⑥ 纯苯胺为无色液体，但在空气中由于氧化而呈淡黄色，加入少许锌粉重新蒸馏，可

去掉颜色。

【思考题】

① 如果以盐酸代替醋酸，则反应后要加入饱和碳酸钠至溶液呈碱性后，才进行水蒸气蒸馏，这是为什么？本实验为何不进行中和？

② 有机物具备什么性质，才能采用水蒸气蒸馏提纯，本实验为何选择水蒸气蒸馏法把苯胺从反应混合物中分离出来？

③ 在水蒸气蒸馏完毕时，先灭火焰，再打开 T 形管下端弹簧夹，这样做行吗？为什么？

④ 如果最后制得的苯胺中含有硝基苯，应如何加以分离提纯？

⑤ 本实验在合成中为什么要经常振摇反应混合物？

实验 4.10　乙酰苯胺的制备

> **知识目标：**
> - 学习乙酰苯胺的制备原理和方法；
> - 熟练掌握空气冷凝回流的方法和操作。
>
> **能力目标：**
> - 能够熟练使用热过滤和抽滤装置。

【实验原理】

乙酰苯胺可通过苯胺与乙酸氯、醋酸酐和冰醋酸等酸化试剂作用制备。其中乙酰氯反应最剧烈。醋酸酐次之，冰醋酸最慢。由于乙酰氯、醋酸酐与苯胺反应过于剧烈，而冰醋酸与苯胺反应比较平稳，容易控制，且价格也最为便宜，故本实验采用冰醋酸作酰基化试剂。反应式为：

$$CH_3COOH + \underset{}{\text{〈苯环〉}}-NH_2 \rightleftharpoons \underset{}{\text{〈苯环〉}}-NHCOCH_3 + H_2O$$

由于该反应是可逆的，故在反应时一方面加入过量的冰醋酸，一方面及时除去生成的水来提高产率。

【实验步骤】

① 在 50mL 的圆底烧瓶（或锥形瓶）中加入 5mL（0.06mol，6g）新蒸馏苯胺、7.5mL（0.13mol，7.8g）冰醋酸以及少许锌粉（约 0.1g），装上一支短的韦氏分馏柱，顶端插上蒸馏头和温度计，蒸馏头支管直接和接液管相连，用锥形瓶收集馏出液。

② 用加热套小火加热反应瓶，至反应物沸腾，调节加热温度，保持温度在 105℃左右，反应 40～60min 后，反应中生成的水（含少量乙酸）可完全蒸出。当温度计的读数发生上下波动时（有时反应容器中出现白雾），说明反应已经终止，应停止加热。

③ 在不断搅拌下将反应混合物趁热倒入盛有 100mL 冷水的烧杯中，用玻璃棒充分搅拌，冷却至室温，使乙酰苯胺结晶成细颗粒状完全析出。用布氏漏斗抽滤析出的固体，并用 5～10mL 冷水洗涤以除去残留的酸液。

④ 将所得粗产品移入盛有 100mL 热水的烧杯中，加热煮沸，使之完全溶解，若有未溶解的油珠，可再补加一些热水，直至油珠完全溶解。停止加热，待稍冷后加入约 0.5g 粉末活性炭，在搅拌下再次加热煮沸 2～3min，然后趁热用保温漏斗过滤或用预先加热好的布氏

漏斗减压过滤。将滤液冷却至室温，得到白色片状结晶。减压过滤，尽量挤压以除去晶体中的水分。将产品移至一个预先称重的表面皿中，晾干或在100℃以下烘干，产量约为5g（产率约61.6%）。

乙酰苯胺为白色片状固体，沸点304℃，熔点114.3℃。

【注意事项】

① 苯胺久置后由于氧化而带有颜色，会影响乙酰苯胺的质量，故需要采用新蒸馏的无色或淡黄色的苯胺。并且苯胺有毒，不要吸入其蒸气或接触皮肤。

② 锌粉的作用是防止苯胺氧化，同时起着沸石的作用，故本实验不另加沸石。但不能加得过多，否则在后处理中会出现不溶于水的氢氧化锌。

③ 也可用一空气冷凝管，冷凝管上端装一温度计和玻璃弯管，玻璃弯管再连接试管，接收馏出液。

④ 反应物冷却后，固体产物立即析出，沾在瓶壁不易处理。故需趁热在搅动下倒入冷水中，以除去过量的醋酸及未作用的苯胺（它可成为苯胺醋酸盐而溶于水）。

⑤ 油珠是熔融状态的含水乙酰苯胺，因其密度大于水，故沉降于器底。

⑥ 乙酰苯胺于不同温度在100mL水中的溶解度为：25℃，0.569g；80℃，3.5g；100℃，5.2g。在以后各步加热煮沸时，会蒸发掉一部分水，需随时补加热水。本实验重结晶时水的用量最好使溶液在80℃左右为饱和状态。

⑦ 在加入活性炭时，一定要等溶液稍冷后才能加入。不要在溶液沸腾时加入活性炭，否则会引起突然暴沸，致使溶液冲出容器。

⑧ 事先将布氏漏斗用铁夹夹住，倒悬在沸水浴上，利用水蒸气进行充分预热。这一步如果没有做好，乙酰苯胺晶体将在布氏漏斗内析出，引起操作上的麻烦和造成损失。吸滤瓶应放在水浴中预热，切不可直接放在石棉网上加热。

【思考题】

① 为何反应温度控制在105℃？温度再高有什么影响？

② 根据理论计算，反应完成时应产生多少水？为什么实际收集的液体量要比理论量多？

③ 在重结晶中，为什么要加入活性炭？为什么要稍冷时加入？

④ 欲得产量较多的乙酰苯胺应注意哪些操作？

实验4.11　乙酰水杨酸的制备

知识目标：

- 学习酚酯化反应的原理，掌握乙酰水杨酸的制备方法；
- 掌握带有滴加设备回流装置操作；
- 熟练掌握回流、重结晶、抽滤等基本操作技术。

能力目标：

- 能操作回流、重结晶、抽滤等装置并处理出现的问题；
- 能解释制备过程中出现的现象和问题。

【实验原理】

本实验采用乙酸酐作酰基化剂，在浓硫酸作用下，与水杨酸发生酰化反应得到乙酰水杨酸。

主反应：

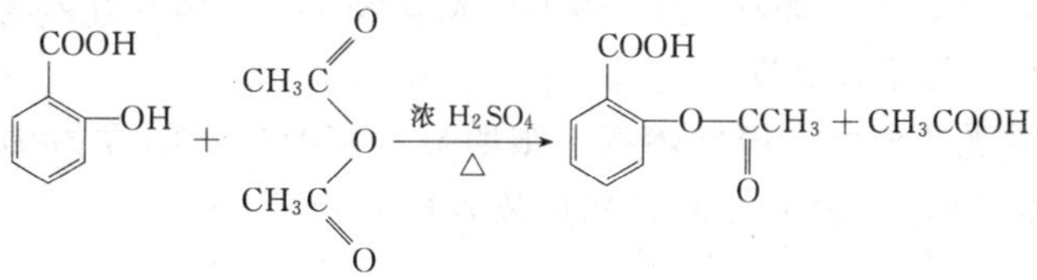

副反应：

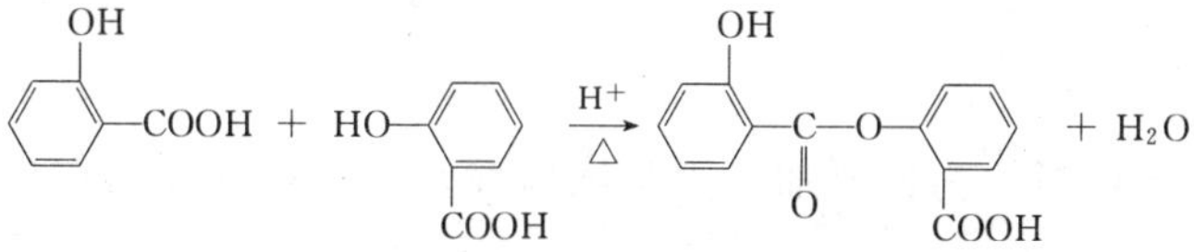

水杨酰水杨酸

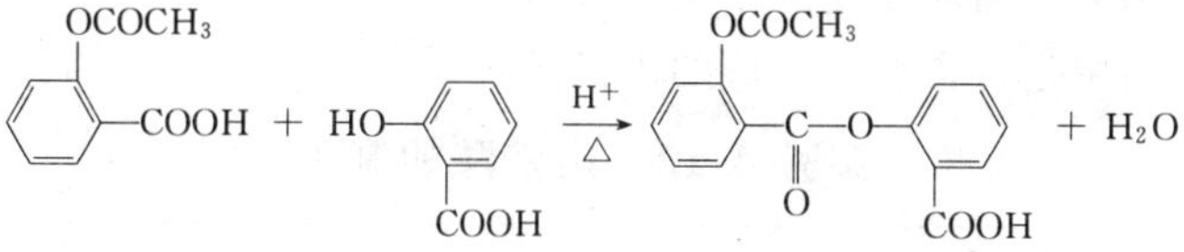

乙酰水杨酰水杨酸

【实验仪器和试剂】

试剂：

水杨酸	8g	浓硫酸	1 mL
乙酸酐	12mL	乙醇（95%）	15mL

仪器：

三颈瓶（100mL）	1只	表面皿	1个
球形冷凝管	1支	减压过滤装置	1套
温度计（200℃）	1支	烧杯	2只
锥形瓶	1只	水浴	1台

【实验步骤】

① 在100mL干燥的三颈瓶中加入8g水杨酸和12mL乙酸酐，在振摇下缓慢滴加7滴浓硫酸。在中口装上球形冷凝管，一侧口安装温度计，另一侧口用塞子塞上。充分振摇反应液后，用水浴加热，缓慢升温至70℃，在此温度下反应15min，并不断振摇反应液。最后将温度升至80℃，再反应5min。撤去水浴，趁热于球形冷凝管口加入2mL蒸馏水，以分解过量的乙酸酐。

② 稍冷却，在搅拌下将反应液倒入盛有100mL冷水的烧杯中，并用冰水浴冷却，放置20min。待结晶完全析出后，减压抽滤，用少量冷水洗涤结晶两次，压紧抽干，转移置表面皿上，晾干，称重。

③ 将粗产品放入100mL锥形瓶中，加入95%乙醇（每克粗产品约需3mL95%乙醇和5mL水），安装球形冷凝管，于水浴中温热并不断振摇，直至固体完全溶解。拆下冷凝管，取出锥形瓶，向其中缓慢滴加水至刚刚出现浑浊，静置冷却。结晶析出完全后抽滤。产品自然晾干，称重并计算产率。

乙酸水杨酸为白色针状晶体，熔点135℃。

【注意事项】

① 乙酸酐应是新蒸的，收集139～140℃馏分。

②　为了检验产品中是否还有水杨酸，可利用与 $FeCl_3$ 发生颜色反应的性质。取几粒结晶加入盛有 5mL 水的试管中，加入 1～2 滴 1% 氯化铁溶液，观察有无颜色反应。如果发生颜色反应，说明产物中仍有水杨酸。

③　乙酸水杨酸易受热分解，因此熔点不很明显，它的分解温度为 128～135℃。测定熔点时，应先将热载体加热至 120℃ 左右，然后放入样品测定。

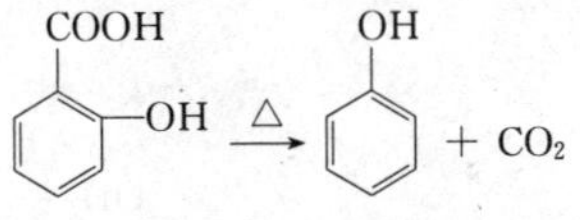

【思考题】

①　制备乙酰水杨酸时，为何要加入少量浓硫酸？反应温度控制在什么范围？高温会造成什么样影响？

②　制备乙酰水杨酸时为何要使用干燥的仪器？

③　如何鉴定产品中是否含有未反应的水杨酸？

实验 4.12　肉桂酸的制备

知识目标：
- 学习缩合反应原理，掌握肉桂酸的制备方法；
- 巩固水蒸气蒸馏的操作方法。

能力目标：
- 熟练掌握重结晶法精制固体产品的操作技术。

【实验原理】

本实验采用苯甲醛和乙酸酐在无水碳酸钾存在下发生缩合反应制取肉桂酸。

主反应：

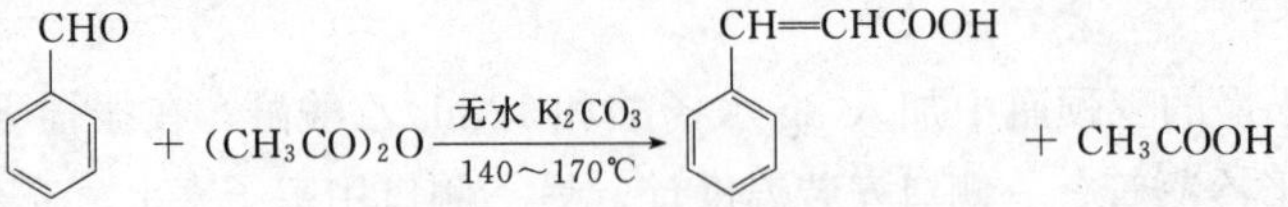

副反应：

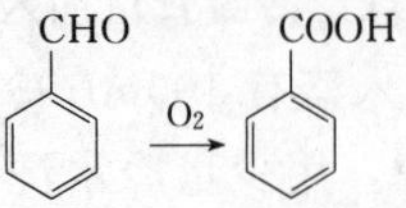

反应产物中含有少量未反应的苯甲醛，利用其易随水蒸气挥发的特点，通过水蒸气蒸馏将其除去。

【实验仪器和试剂】

试剂：

苯甲醛	3.2g(3mL,0.03mol)	10%氢氧化钠溶液	20mL
乙酸酐	8.5g(8mL,0.085mol)	浓盐酸(1.19g/mL)	14mL
无水碳酸钾	4.2g(0.03mol)	刚果红试纸	pH 试纸
活性炭	1g		

仪器：

三颈瓶（250mL）	1 只	表面皿	1 个
空气冷凝管	1 支	减压过滤装置	1 套
水蒸气蒸馏装置	1 套	烧杯	1 只
保温漏斗	1 只	电热套	1 台
温度计（200℃）	1 支		

【实验步骤】

① 在干燥的 250mL 三颈瓶中依次加入 4.2g 研细的无水碳酸钾、3mL 新蒸过的苯甲醛和 8mL 乙酸酐，摇匀。三颈瓶的中口安装空气冷凝管，一侧口插温度计，另一侧口塞住。用电热套缓慢加热至 140℃，回流 1h，然后升温至 170℃，保持 1h。

② 安装水蒸气蒸馏装置，将未反应的苯甲醛蒸出，直至馏出液无油珠。

③ 在烧瓶中加入 20mL 10％氢氧化钠溶液，振摇，检测溶液的 pH 值为 8～9。抽滤，将滤液转入 250mL 烧杯中，冷却至室温。

④ 在搅拌下用浓盐酸酸化至刚果红试纸变蓝（pH＝2～3）。冰水浴中冷却后抽滤。压紧、抽干、称重。

⑤ 粗产品用热水重结晶（每克粗产品加水 50mL）。稍冷却加入约 1g 活性炭，煮沸，趁热用保温漏斗过滤。滤液在冰水浴中充分冷却，抽滤，产品于表面皿上自然晾干，称重并计算产率。

⑥ 肉桂酸为白色结晶，熔点 133℃，微溶于水，易溶于醇、醚等有机溶剂。

【注意事项】

① 本实验中的所有仪器必须干燥。

② 苯甲醛放久了，由于自动氧化而生成苯甲酸，这不但影响反应的进行，而且苯甲酸混在产品中不易除干净，将影响产品的质量。故用前一定要蒸馏，收集 170～180℃馏分。乙酸酐放久后因吸潮或水解变为乙酸，严重影响反应，所以使用时也一定要预先蒸馏。

③ 缩合反应宜缓慢升温，以防苯甲醛被氧化。

④ 由于逸出二氧化碳，最初有泡沫出现，随着反应的进行，会自动消失。

⑤ 粗产品也可在 3∶1 的稀乙醇溶液中进行重结晶。

【思考题】

① 水蒸气蒸馏除去什么物质？不进行水蒸气蒸馏或除不干净对结果有何影响？

② 反应装置中，能否用水冷凝管来替代空气冷凝管？为什么？

实验 4.13　甲基橙的制备

知识目标：

- 掌握重氮化反应和重氮盐偶合反应的原理；
- 掌握甲基橙的制备方法；
- 掌握低温操作方法。

能力目标：

- 通过甲基橙的制备训练低温操作技术。

【实验原理】

甲基橙是指示剂，它是由对氨基苯磺酸重氮盐与 N,N-二甲基苯胺的醋酸盐，在弱酸性介质中偶合，首先得到亮黄色的酸式甲基橙称为酸性黄，在碱中酸性黄转变为橙黄色的钠盐，即甲基橙。

$$H_2N\!-\!\!\bigodot\!\!-\!SO_3H + NaOH \longrightarrow H_2N\!-\!\!\bigodot\!\!-\!SO_3Na + H_2O$$

$$H_2N\!-\!\!\bigodot\!\!-\!SO_3Na + 2HCl + NaNO_2 \xrightarrow{0\sim5℃} NaO_3S\!-\!\!\bigodot\!\!-\!N_2Cl + NaCl + 2H_2O$$

$$NaO_3S\!-\!\!\bigodot\!\!-\!N_2Cl + \bigodot\!\!-\!N(CH_3)_2 \xrightarrow[CH_3COOH]{0\sim5℃} [NaO_3S\!-\!\!\bigodot\!\!-\!N\!\!=\!\!N\!-\!\!\bigodot\!\!-\!\underset{H}{\overset{}{N}}(CH_3)_2]^+ CH_3COO^-$$

$$[NaO_3S\!-\!\!\bigodot\!\!-\!N\!\!=\!\!N\!-\!\!\bigodot\!\!-\!\underset{H}{\overset{}{N}}(CH_3)_2]^+ CH_3COO^- + NaOH \longrightarrow$$

$$NaO_3S\!-\!\!\bigodot\!\!-\!N\!\!=\!\!N\!-\!\!\bigodot\!\!-\!N(CH_3)_2 + CH_3COONa + H_2O$$

大多数重氮盐很不稳定，温度高时易发生分解，所以重氮化反应和偶合反应都需在低温下进行。同时强酸性介质的存在，可防止重氮盐与未反应的芳胺发生偶合。

【实验仪器和试剂】

试剂：

对氨基苯磺酸	2.1g	5％氢氧化钠溶液	35mL
亚硝酸钠	0.8g	浓盐酸（1.19g/mL）	3mL
N,N-二甲基苯胺	1.3mL	冰醋酸	1mL
饱和氯化钠溶液	20mL	无水乙醇	
碘化钾-淀粉试纸		乙醚	

仪器：

烧杯（100mL，200mL）	各1只	表面皿	1个
温度计（100℃）	1支	水浴	1台
减压过滤装置	1套		

【实验步骤】

（1）对氨基苯磺酸重氮盐的制备

在 100mL 的烧杯中，放入 2.1g 对氨基苯磺酸晶体，加入 10mL 5％氢氧化钠溶液在热水浴中温热使之溶解，冷却至室温。另溶 0.8g 亚硝酸钠于 6mL 水中，将此溶液倒入上述烧杯中，置于冰水浴中冷却至 0～5℃。在搅拌下，慢慢滴加 3mL 浓盐酸和 10mL 水配成的溶液，保持温度在 5℃以下，很快就有对氨基苯磺酸重氮盐的细粒状白色沉淀，用碘化钾-淀粉试纸检验终点。为保证反应完全，继续在冰水浴中放置 15min。

（2）偶合——生成甲基橙

在试管中加入 1.3mL N,N-二甲基苯胺和 1mL 冰醋酸，振荡使之混合均匀。在搅拌下将此溶液慢慢加入到上述冷却的对氨基苯磺酸重氮盐溶液中，加完后继续搅拌 10min，此时有红色的酸性黄沉淀。然后，在搅拌下慢慢加入 25mL 5％氢氧化钠溶液，反应液变为橙色，粗制的甲基橙呈细粒状沉淀析出。

将反应物加热至沸腾，使粗制的甲基橙溶解后，稍冷，置于冰浴中冷却，待甲基橙重新结晶析出后，抽滤。用 20mL 饱和氯化钠溶液分两次冲洗烧杯和滤饼，压紧抽干，称重。

（3）重结晶

将上述粗产品用沸水（每克粗产品约需 25mL 水）进行重结晶。待结晶完全析出，抽滤。依次用少量乙醇、乙醚洗涤，压紧抽干，得小鳞片状甲基橙结晶。干燥后，称重并计算产率。

（4）定性检验

溶解少许甲基橙于水中，观察溶液的颜色。然后加入 2 滴稀盐酸，观察颜色的变化。再用 3 滴稀氢氧化钠中和，再观察颜色的变化。

【注意事项】

① 对氨基苯磺酸是两性化合物，其酸性比碱性强，能形成酸性内盐，它能与碱作用生成盐，难与酸作用生成盐，所以不溶于酸。但重氮化反应要求在酸性溶液中完成，因此，首先将对氨基苯磺酸与碱作用，生成水溶性较大的对氨基苯磺酸钠，再进行重氮化反应。

② 为了使对氨基苯磺酸完全重氮化，反应过程中必须不断搅拌。

③ 重氮化反应控制温度很重要，反应温度若高于 5℃，则生成的重氮盐易水解成苯酚，降低了产率。

④ 若试纸不显蓝色，应酌情补加亚硝酸钠溶液，并充分搅拌，直到刚显蓝色，可视为反应终点。但过量的亚硝酸会引起一系列氧化、亚硝基化等副反应。

$$2HNO_2 + 2KI + 2HCl \longrightarrow I_2 + 2NO + 2H_2O + 2KCl$$

⑤ 粗产品呈碱性，温度稍高时易使产物变质，颜色变深，湿的甲基橙受日光照射亦会使颜色变深，通常可在 65～75℃烘干。

⑥ 用乙醇、乙醚洗涤的目的是使产品迅速干燥。

【思考题】

① 本实验中重氮化反应为什么要控制在 0～5℃中进行？偶合反应为什么在弱酸性介质中进行？

② 对氨基苯磺酸进行重氮化反应时，为什么要先加碱使其变为盐？

实验 4.14　β-萘乙醚的制备

知识目标：

- 熟悉威廉姆逊法制备混醚的原理；
- 掌握 β-萘乙醚的制备方法；
- 掌握带电动搅拌的回流装置的安装和操作技术。

能力目标：

- 能操作带电动搅拌的回流装置并处理出现的问题；
- 能解释制备过程中出现的现象和问题。

【实验原理】

本实验采用威廉姆逊（Willimson）合成法，用 β-萘酚钾和溴乙烷在乙醇溶液中反应制取 β-萘乙醚。

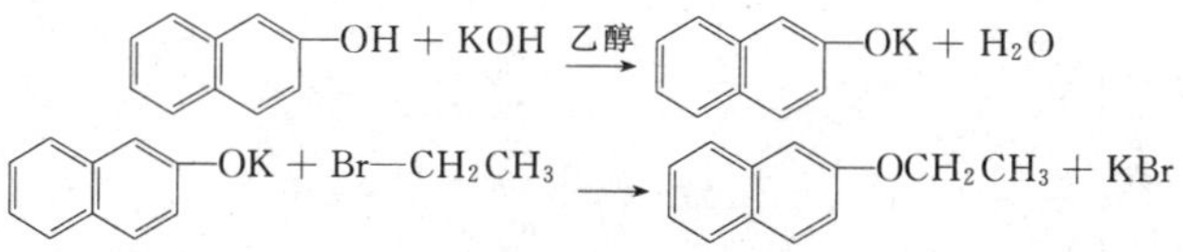

用乙醇重结晶纯化 β-萘乙醚。

【实验仪器和试剂】

试剂：

β-萘酚	3g	无水乙醇	35mL
溴乙烷	2mL	95％乙醇	20mL
氢氧化钾	3g		

仪器：

三口烧瓶（100mL）	1只	电动搅拌器	1台
球形冷凝管	1支	减压过滤装置	1套
烧杯（200mL）	1只	表面皿	1块
锥形瓶	1个	电热套	1套

【实验步骤】

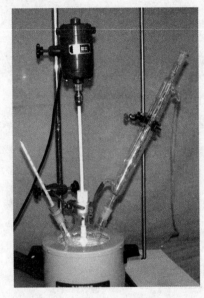

图 4-7　带电动搅拌的回流装置

① 在干燥的 100mL 三颈瓶中，加入 3g 氢氧化钾、35mL 无水乙醇和 3g β-萘酚，振摇下加入 2mL 溴乙烷。安装带电动搅拌的回流装置（见图 4-7）。用电热套或水浴加热，在搅拌下回流 1.5h。

② 反应结束后，将瓶内反应物倒入盛有 100mL 碎冰的 250mL 烧杯中，同时充分搅拌，待结晶完全析出，抽滤。用 15mL 水分两次洗涤沉淀。

③ 将沉淀移至 100mL 锥形瓶中，加入 20mL 乙醇溶液，装上回流冷凝装置于水浴上加热，微沸 5min。完全冷却后，将锥形瓶置于冰水浴中 10min，抽滤。滤饼置于表面皿上自然晾干。称重计算产率。

【注意事项】

乙醇易挥发，所以加热溶解时应装上冷凝管。

【思考题】

① 为什么 β-萘乙醚的制备是用 β-萘酚和溴乙烷反应，而不是用乙醇和 β-溴萘反应？

② 为什么 β-萘酚钾的生成是用氢氧化钾的乙醇溶液，而不是用氢氧化钾的水溶液？

③ 粗产品为什么要用水洗涤？

第5章 综合实训

项目5.1 三苯甲醇的制备

知识目标：

- 掌握溴代反应、乙基化反应、氧化反应、酯化反应、格氏试剂的生成及与酯加成反应的原理；
- 掌握蒸馏、分馏、水蒸气蒸馏、萃取、重结晶等分离提纯化合物的方法；
- 熟练掌握酸碱滴定法、氧化还原滴定法、沉淀滴定法等分析法；
- 熟练掌握熔点测定、折射率测定、密度测定等物理量的测定方法；
- 了解副产物的提取和过量原料回收的原理和方法。

能力目标：

- 能操作机械搅拌、加热、回流、洗涤、干燥、过滤、结晶等多种基本操作；
- 能应用相应的分析法进行相关分析；
- 能进行沸点、折射率等物质理化参数的测量；
- 树立综合利用的思想，减少环境污染，树立正确的环保意识。

【制备原理】

本实验以苯和乙醇为原料，通过溴乙烷、乙苯、苯甲酸及苯甲酸乙酯的制备，进而合成三苯甲醇，并对原料、中间体及产品的有关指标进行分析测试。

（1）溴代反应

$$NaBr + H_2SO_4 \longrightarrow HBr + NaHSO_4$$

$$CH_3CH_2OH + HBr \longrightarrow CH_3CH_2Br + H_2O$$

该反应可逆，为使平衡向右移动，采用增加反应物乙醇的用量，并及时将生成的溴乙烷蒸出，以提高产率。

（2）乙基化反应

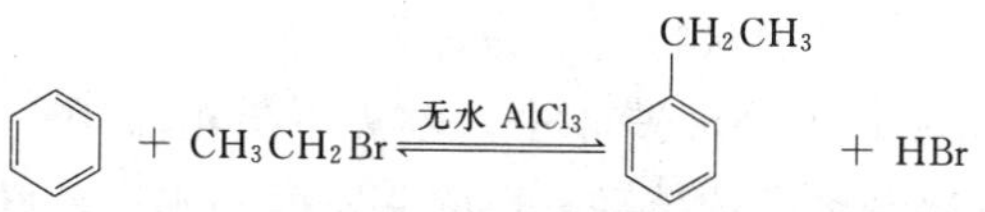

烷基化反应常难以停止在一烷基化阶段，但适当选择试剂配比，可以部分控制多烷基取代物的生成。本步采用溴乙烷与过量的苯反应，在氯化铝的催化下制得乙苯。

（3）氧化反应

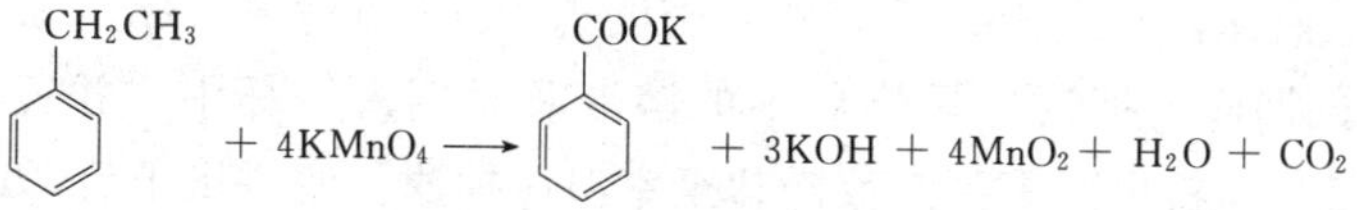

$$\text{（COOK-苯）} + HCl \longrightarrow \text{（COOH-苯）} + KCl$$

芳香族羧酸通常用芳香烃氧化制得。本步采用高锰酸钾水溶液作氧化剂，将乙苯氧化生成苯甲酸钾，经酸化进一步得到苯甲酸。

（4）酯化反应

$$\text{（COOH-苯）} + CH_3CH_2OH \underset{}{\overset{H_2SO_4}{\rightleftharpoons}} \text{（COOC_2H_5-苯）} + H_2O$$

酯化反应是一个可逆反应。由于苯甲酸乙酯的沸点较高，乙醇又与水混溶，故本步采用加入苯及几倍理论量的乙醇，利用苯、乙醇和水组成的三元恒沸物蒸馏带走反应过程中不断生成的水，使反应向生成苯甲酸乙酯的方向进行。

（5）格氏试剂的生成及与酯的加成

$$\text{（苯）}-Br + Mg \overset{干醚}{\longrightarrow} \text{（苯）}-MgBr$$

$$\text{（苯）}-MgBr + \text{（苯）}-COOC_2H_5 \overset{干醚}{\longrightarrow} \text{（苯）}_3C\underset{OMgBr}{-}OC_2H_5 \longrightarrow \text{（苯）}-CO-\text{（苯）}$$

$$\text{（苯）}-MgBr + \text{（苯）}-CO-\text{（苯）} \overset{干醚}{\longrightarrow} (\text{苯})_3COMgBr \overset{H_3^+O}{\longrightarrow} (\text{苯})_3C-OH$$

无水乙醚存在下，卤代烷烃与金属镁反应生成格氏试剂，后者与酯加成制得三苯甲醇。由于格氏试剂相当活泼，遇含活泼氢的化合物即分解成烃，故实验所用的试剂必须无水，仪器必须干燥。

【制备过程】

（一）溴乙烷的制备

（1）仪器和试剂

蒸馏和分馏装置；气体吸收装置；无水溴化钠；硫酸；乙醇。

（2）实验步骤

① 制备粗品：在 250mL 圆底烧瓶中，加入 20mL（0.33mol）95％乙醇和 18mL 水。在冷却和振荡下，慢慢加入 36mL 浓硫酸，将混合物冷却至室温，在搅拌下加入研细的溴化钠 25.8g（0.25mol）和几粒沸石。在圆底烧瓶上安装分馏柱及带有气体吸收装置的回流装置，小火加热，使反应平稳，直至无油状物滴出为止。

② 粗品精制：将馏出液转入分液漏斗中，收集下层粗品于一干燥的锥形瓶中，并置于冰水浴中冷却，在振荡下逐滴加入浓硫酸，以除去乙醚、水、乙醇等副产物。滴加硫酸的量以能观察到上层澄清的溴乙烷和下层硫酸明显分层为止（约 2mL），再用分液漏斗分去硫酸层。将处理后的溴乙烷转入 100mL 圆底烧瓶内，在水浴上小火加热，用干燥的锥形瓶（浸入冰水中）接收，收集 35～40℃的馏分。

溴乙烷为无色液体，沸点 38.4℃，相对密度 1.460，折射率 (n_D^{20}) 1.4239。

③ 硫酸氢钠的回收：把反应后烧瓶中的溶液及时倒入烧杯中，并置于冷水浴中冷却，轻轻搅动溶液，使晶体析出。等到溶液冷却至室温，抽滤，滤饼烘干后，即得硫酸氢钠粗制

晶体。将其加适量水进行重结晶，可得较纯净的硫酸氢钠无色晶体。

（二）乙苯的制备

（1）仪器和试剂

带电动搅拌的回流装置；蒸馏和分馏装置；普通回流装置；气体吸收装置；溴乙烷；苯；无水氯化铝。

（2）实验步骤

① 制备粗品：安装带搅拌的回流装置。在 250mL 三颈瓶上分别装上机械搅拌装置、回流冷凝管和滴液漏斗，在冷凝管上口安装氯化钙干燥管和气体吸收装置。把三颈瓶置于水浴中并迅速加入研细的无水氯化铝 3g、苯 20mL。另外在滴液漏斗中加入 10mL（0.134mol）溴乙烷和 10mL 苯，并摇匀。

在不断搅拌下慢慢滴入溴乙烷和苯的混合物（以每秒 2 滴为宜），当观察到有溴化氢气体逸出，并有不溶于苯的红棕色配位化合物产生，表明反应已经开始。此时立即减慢加料速度，避免反应过于剧烈，保证溴化氢气体平稳逸出。

加料完毕，继续搅拌，当反应缓和下来时，小火加热，使水浴温度升到 60～65℃，并在此温度范围保温 1.5～2h。停止搅拌，改用冷水浴冷却。

② 精制粗品：待反应物充分冷却，在通风橱内，于不断搅拌下将反应液倒入预先配制好的 100g 冰、100mL 水和 10mL 浓盐酸的烧杯中进行水解。在分液漏斗中分出上层有机层（保留下层水层，以备回收利用），用等体积冷水洗涤 2～3 次，把芳烃转入干燥的锥形瓶中，加入 3g 无水氯化钙干燥 1～2h，溶液澄清。

将粗品转入干燥的 250mL 圆底烧瓶中，进行蒸馏（配上 Vigreux 分馏柱进行分馏更好），水浴加热，收集 85℃ 以前馏分，速度控制在每秒 1～2 滴。再改用电热套加热，另外收集 132～138℃ 馏分。

乙苯为无色透明液体，沸点 136.3℃，密度 0.8669g/mL，折射率（n_D^{20}）1.4959。

③ 铝化合物的回收：将上步保留的水层，加热至 70℃ 左右，移至通风橱内。滴加氨水，并轻轻搅拌，即有蓬松白色胶状氢氧化铝沉淀生成，继续滴加氨水，直到不再产生沉淀为止（溶液 pH 为 7）。冷却后抽滤，滤饼放入盛有 150mL 热水的烧杯中搅匀后再抽滤，滤饼烘干，即得白色氢氧化铝粉末。

（三）苯甲酸的制备

（1）仪器和试剂

回流冷凝装置；抽滤装置；苯；高锰酸钾；盐酸。

（2）实验步骤

① 制备粗品：在圆底烧瓶中加入 5.3g（0.05mol）乙苯和 300mL 水，安装回流冷凝装置，加热至沸腾。从冷凝管上口分批加入 31.6g（0.2mol）的高锰酸钾，加完后用少量水冲洗冷凝管内壁附着的高锰酸钾。继续煮沸回流，并不断摇动烧瓶，直到乙苯层近乎消失，回流液不再出现油珠。

② 精制粗品：趁热减压过滤，并用少量热水洗涤滤饼（保留，以备后用），滤液和洗液合并，放入冰水浴冷却，然后用浓盐酸酸化，直到苯甲酸完全析出，减压过滤，并用少量冷水洗涤，压去水分，即得苯甲酸粗品。将此粗品置于烧杯中，加入适量水进行重结晶，烘干，得精制的苯甲酸。

苯甲酸为无色片状或针状结晶，熔点 122.13℃。

③ 二氧化锰的回收。

·方法一：将上一工序热过滤的滤饼抽干，压平，用少量热水分批洗涤数次，直至滤液呈中性。取出滤饼烘干，即得黑色的二氧化锰粉末。

·方法二：将上一工序热过滤的滤饼取出，加入适量的热水，搅拌洗涤，静置澄清后，倾去溶液。如此倾析法洗涤数次，直至洗涤液呈中性。再抽滤，滤饼烘干即得。

（四）苯甲酸乙酯的制备

（1）仪器和试剂

带油水分离器的回流冷凝装置；分液漏斗；苯甲酸；乙醇；苯；浓硫酸；碳酸钠；乙醚。

（2）实验步骤

① 制备粗品：在圆底烧瓶中加入 12.2g（0.10mol）苯甲酸、40mL 乙醇、20mL 苯和 4mL 浓硫酸。摇匀后加入少许沸石。在圆底烧瓶上口装上油水分离器，分离器上端装上回流冷凝管。由回流冷凝管上口加水至油水分离器的支管处，然后放去 9mL 水。将圆底烧瓶置于水浴上加热回流，随着回流的进行，油水分离器中出现上、中、下三层液体。继续加热回流约 4h，油水分离器中层液体达 9mL 左右时，即可停止加热。放出中、下层液体，继续用水浴加热，把圆底烧瓶中多余的苯和乙醇蒸至油水分离器中（保留此混合液，以备回收利用）。

② 粗品精制：将上述圆底烧瓶中的反应混合液，倒入盛有 160mL 冷水的烧杯中，然后在搅拌下分批加入研细的碳酸钠粉末，直到无二氧化碳气体产生（用 pH 试纸检验，溶液呈中性），用分液漏斗分出粗制的苯甲酸乙酯，然后在水层中，用 50mL 乙醚分两次萃取水层的苯甲酸乙酯。将乙醚萃取液及粗制的苯甲酸乙酯合并，用适量无水氯化钙干燥。把干燥后的澄清溶液，移入干燥的蒸馏烧瓶中，先用水浴蒸去乙醚，再在电热套上加热蒸馏，收集 210～213℃的馏分。

苯甲酸乙酯为白色或无色液体，沸点 213℃，密度 1.0468g/mL，折射率（n_D^{20}）1.5001。

③ 苯的回收：将蒸至油水分离器中的液体混合物，转入分液漏斗中，加入该液体量一倍的水，振摇，静置使之分层。分出苯层，加入少许无水氯化钙干燥。待液体澄清后，蒸馏，收集 79～81℃的馏分，即得纯净透明的苯。

（五）三苯甲醇的制备

（1）仪器和试剂

水蒸气蒸馏装置；冷凝管；回流装置；搅拌器；无水乙醚；镁；碘；溴苯；乙醇；氯化铵；苯甲酸乙酯。

（2）实验步骤

① 苯基溴化镁的制备：在三颈瓶上分别装上搅拌器、冷凝管及滴液漏斗，在冷凝管和滴液漏斗的上口分别装上氯化钙干燥管。在瓶内放入 1.5g（0.06mol）镁屑、一小粒碘。滴液漏斗中放置 9.4g（0.06mol，6.3mL）溴苯及 25mL 无水乙醚，混合均匀。先滴入 10mL 混合物液至三颈瓶中，片刻后碘的颜色逐渐消失即起反应。若反应经过几分钟不发生，可用温水浴加热。反应开始，同时搅拌，继续缓慢滴入其余的溴苯乙醚溶液，以保持溶液微沸。最后用温水浴加热回流 1h，使镁屑作用完全，冷却至室温。

② 三苯甲醇的制备：将 3.8mL（0.025mol）苯甲酸乙酯与 5mL 无水乙醚的混合液加入滴液漏斗中，缓慢滴加于上述苯基溴化镁乙醚溶液中，水浴温热至沸腾，保温回流 1h。冷

却至室温，从滴液漏斗中慢慢滴入 30mL 氯化铵饱和溶液，分离产物。用倾泻法将上层液体转入分液漏斗中分去水层，上层乙醚层转入 250mL 三颈瓶中，在水浴上蒸馏，回收乙醚。然后改为水蒸气蒸馏装置，蒸至无油状物蒸出为止，留在瓶中的三苯甲醇呈蜡状。冷却、抽滤、用少量冷水洗涤，粗产品用乙醇-水重结晶。

三苯甲醇为白色片状晶体，熔点 164.2℃。

【分析测试】

（一）原料分析

（1）溴化钠含量测定（采用沉淀滴定法）

称取 0.3g 样品（准确至 0.0002g），溶于 100mL 水中，加 10mL（1mol/L）乙酸溶液及 3 滴（5g/L）曙红钠盐指示液，用[$c(AgNO_3)＝0.1mol/L$]硝酸银标准滴定溶液避光滴定至乳液呈红色。

$$w(NaBr)＝\frac{Vc(AgNO_3)\times102.90}{m}$$

式中　$c(AgNO_3)$——硝酸银标准滴定溶液的实际浓度，mol/L；

　　　　V——滴定消耗硝酸银标准滴定溶液的体积，L；

　　　　m——试样的质量，g；

　　　102.90——NaBr 的摩尔质量，g/mol。

（2）硫酸含量的测定（采用酸碱滴定法）

称取 2g（约 1.1mL）试样（准确至 0.0001g），注入盛有 50mL 水的具塞轻体锥形瓶中，冷却，加 2 滴甲基红指示液（1g/L），用氢氧化钠标准滴定溶液[$c(NaOH)＝1mol/L$]滴定至溶液呈黄色。

结果计算

$$w(NaSO_4)＝\frac{Vc(NaOH)\times49.04}{m}$$

式中　$c(NaOH)$——氢氧化钠标准滴定溶液的实际浓度，mol/L；

　　　　V——滴定消耗氢氧化钠标准滴定溶液的体积，L；

　　　　m——试样的质量，g；

　　　49.04——$\frac{1}{2}H_2SO_4$ 的摩尔质量，g/mol。

（3）乙醇含量的测定

测定乙醇含量的方法很多，可根据所测得的密度按表 5-1 进行换算。也可以用测定折射率的方法来确定乙醇的浓度，按表 5-2 即可求得相应的乙醇浓度。

表 5-1　20℃下乙醇和水混合液的质量分数与相对密度对照表

$w(C_2H_5OH)$	d_4^{20}	$w(C_2H_5OH)$	d_4^{20}	$w(C_2H_5OH)$	d_4^{20}
0.84096	0.81	0.82323	0.88	0.80424	0.95
0.83348	0.82	0.82062	0.89	0.80138	0.96
0.83599	0.83	0.81797	0.90	0.79846	0.97
0.83348	0.84	0.81529	0.91	0.79547	0.98
0.83095	0.85	0.81257	0.92	0.79243	0.99
0.82840	0.86	0.80983	0.93	0.78934	0.100
0.82583	0.87	0.80795	0.94		

表 5-2　30℃下折射率与质量分数对照

n_D^{30}	1.3580	1.3585	1.3590	1.3595	1.3600	1.3605	1.3610	1.3613
$w(C_2H_5OH)$	1.00	0.9864	0.9774	0.9703	0.9645	0.9496	0.9334	0.8954

（4）苯含量的测定

采用气相色谱法。其实验原理、仪器、试剂、测定步骤、结果计算参见相关分析化学实验技术。

（5）高锰酸钾含量的测定（采用氧化还原滴定法）

称取 1g 样品（准确至 0.0001g），置于 500mL 容量瓶中，溶于 200mL 水，稀释至刻度，混匀。移取 50.00mL，加 15mL 碘化钾溶液（200g/L）和 15mL 硫酸溶液 $w(H_2SO_4)=0.20$，摇匀，用硫代硫酸钠标准滴定溶液[$c(Na_2S_2O_3)=0.1mol/L$]滴定，近终点加 2mL 淀粉指示液（10g/L），继续滴定至蓝色消失。同时做空白试验。

计算结果

$$w(KMnO_4)=\frac{(V-V_1)c(Na_2S_2O_3)\times 31.61}{\dfrac{50}{500}}$$

式中　$c(Na_2S_2O_3)$——硫代硫酸钠标准滴定溶液的实际浓度，mol/L；

　　　　　　V——滴定消耗硫代硫酸钠标准滴定溶液的体积，L；

　　　　　　V_1——空白试验滴定消耗硫代硫酸钠标准滴定溶液的体积，L；

　　　　31.61——$\dfrac{1}{5}KMnO_4$ 的摩尔质量，g/mol。

（二）中间体分析

（1）溴乙烷含量测定（采用色谱分析法）

仪器：102-G 型气相色谱仪。

试验条件如下。

检测器：热导池检测器。

固定相配比：有机皂土-34（$w_B=0.02$）；邻苯二甲酸二甲酯（$w_B=0.20$）；

101 担体（$w_B=0.78$）。

载气：N_2；载气流量：50mL/min；桥电流：130mA；柱温：100℃；

汽化温度：90℃；纸速：600mm/h；进样量：1～2μL/次。

结果计算由于产物都是某一沸程的馏分，浓度变化不大，采用外标法中的单点校正法。

配制一个和被测组分含量接近的标准样，标准样含溴乙烷为 w_S，取同样量的标准样和试样分别注入色谱仪，得到相应的峰面积 A_S 和 A_i，由待测组分和标准样的峰面积可求出待测物含量，即采用该方法要求操作条件稳定，进样量重复性好，否则该方法对分析结果影响较大。

（2）乙苯含量测定

参见相关分析化学实验部分。

（3）苯甲酸含量测定（采用酸碱滴定法）

称取 0.25g 样品，准确至 0.0002g，置于锥形瓶中，加中性乙醇溶液 25mL 将其溶解，然后再加 2 滴酚酞指示液（10g/L），用氢氧化钠标准滴定溶液[$c(NaOH)=0.1mol/L$]滴定至溶液呈粉红色。

中性乙醇溶液的配制：量取 50mL 乙醇（$w_B=0.95$），加入 50mL 水，混匀，加 2 滴酚酞指示液（10g/L），用氢氧化钠标准滴定溶液[$c(NaOH)=0.1mol/L$]滴定至溶液呈粉红色。

结果计算：

$$w(C_6H_5COOH)=\frac{Vc(NaOH)\times 122.1}{m}$$

式中　$c(NaOH)$——氢氧化钠标准滴定溶液的实际浓度，mol/L；

　　　　V——滴定消耗氢氧化钠标准滴定溶液的体积，L；

　　　　m——试样的质量，g；

　　　　122.1——C_6H_5COOH 的摩尔质量，g/mol。

（三）产品分析

测定三苯甲醇的沸点。见本教材"沸点的测定"。

【注释】

① 加水是为了减少溴化氢气体的逸出，降低酸度，减少副产物乙醚、乙醇等。

② 溴化钠要预先研细，并在搅拌下加入，以防结块而影响氢溴酸的产生。

③ 馏出液由浑浊变澄清，表示溴乙烷已蒸完，反应结束。

④ 加入浓硫酸可以除去乙醚、乙醇和水等杂质。此时有少量热产生，为了防止溴乙烷挥发，在冷却下进行操作。

⑤ 反应前，反应装置、试剂和溶剂必须充分干燥，因为氯化铝非常容易水解，将严重影响实验结果或使反应难以进行。

⑥ 无水氯化铝是小颗粒或粗粉状，露于湿空气中立刻冒烟，加少许水于其上即嘶嘶作响。实验时氯化铝必须无水，称取和加入速度均应尽量快。

⑦ 氯化铝存在下苯与溴乙烷作用，反应速率很快，只要 0.5s 即可生成乙苯。因此，通常是将烷基剂滴加到芳香族化合物、催化剂和溶剂的混合物中，并不断搅拌冷却使反应速率减慢。烃化反应是可逆的，若在极和缓的条件下起反应，可得到速度控制产物。

⑧ 85～131℃的馏分是含少量乙苯的苯，如果将此馏分再分馏一次，可回收一部分乙苯。138℃以上的残液是二乙苯及多乙苯等的混合物。

⑨ 加高锰酸钾时，需注意回流情况，如回流冷凝管中有积水，不能加高锰酸钾，否则会发生冲料现象。

⑩ 滤液如呈紫色，可以加入少量亚硫酸氢钠，使紫色褪去，并重新进行抽滤。

⑪ 苯甲酸在 100mL 水中的溶解度：4℃时为 0.18g；18℃时为 0.27g；75℃时为 2.2g。故重结晶加热操作时，溶液温度必须控制在 80℃左右。

⑫ 下层为原来加入的水，中、上层为三元共沸物，上层占 84%[其中 $w(C_6H_6)=0.860$，$w(C_2H_5OH)=0.127$，$w(H_2O)=0.013$]，中层占 16%[其中 $w(C_6H_6)=0.084$，$w(C_2H_5OH)=0.521$，$w(H_2O)=0.431$]。

⑬ 加碳酸钠是除去硫酸及未作用的苯甲酸，操作时必须小心分批加入，以避免产生大量泡沫而溢出，造成损失。

⑭ 采用乙醚为萃取剂，是因为苯甲酸乙酯易溶于乙醚，而且乙醚的密度与水差异较大，乙醚的沸点较低，易于分层，有利于分离。另外，乙醇为低沸点液体，周围切忌明火。

⑮ 将镁条用砂纸打磨发亮，除去表面氧化膜，然后剪成屑状。

⑯ 如果仪器及试剂均干燥彻底，完全可以不加碘，同样很容易发生反应。反之，若仪

器及试剂不干燥，加碘后仍不发生反应，而且温水加热后还是不反应，则必须弃之重新干燥仪器再开始做实验。

⑰ 溴苯溶液不宜滴入太快，否则反应剧烈，并会增加副产物联苯的生成。

⑱ 若反应物中絮状氢氧化镁未完全溶解，可放置过夜，使之慢慢溶解，也可加入少量稀盐酸，促使其全部溶解。

⑲ 使未反应的溴苯和副产物联苯一起除去，水蒸气蒸馏要蒸至瓶中固体成松散状（为淡黄色小颗粒），瓶内水变清不再浑浊为好。若在水蒸气蒸馏过程中有大量固体胶结在一起，最好停止水蒸气蒸馏。可用玻璃棒搅碎再继续水蒸气蒸馏，则可大大减少水蒸气蒸馏时间。也可不做水蒸气蒸馏，蒸完乙醚后，在剩下的棕色油状物质中加入 60~70mL 沸点为 30~60℃ 的石油醚，即可使三苯甲醇析出。

⑳ 一般采用 65%~75% 的乙醇混合溶剂重结晶为好，可稍多加一点活性炭，以得到良好的白色晶体。

㉑ 本分析测试所用标准滴定溶液的配制和标定，全部采用国家标准 GB 601—88。部分物质的含量测定，其实验原理、测定步骤等参阅相关分析化学实验技术。

【讨论与思考】

① 溴乙烷粗品用浓硫酸洗涤可除去哪些杂质？为什么能除去？

② 制备溴乙烷时是根据哪种试剂的用量计算理论产量的？转化率如何？

③ 蒸馏溴乙烷前为什么必须将浓硫酸层分干净？

④ 在制备乙苯时苯的用量大大超过理论量的原因是什么？

⑤ 乙基化反应所用仪器等为何要充分干燥？否则会造成什么结果？

⑥ 乙基化反应完成后为什么要进行水解？

⑦ 对乙苯粗品分离时，为什么采用分馏法把苯分离出来？

⑧ 氧化反应中影响苯甲酸产量的主要因素是哪些？

⑨ 氧化反应完毕后，如果滤液是紫色，为什么要加亚硫酸氢钠？

⑩ 萃取苯甲酸乙酯为什么用乙醚做萃取剂？使用时应注意什么问题？

⑪ 苯基溴化镁的制备过程中应注意什么问题？试述碘在该反应中的作用。

⑫ 在三苯甲醇的制备过程中为什么要用饱和的氯化铵溶液分解？

项目 5.2　4-苯基-2-丁酮的制备

知识目标：

- 掌握酯化、克莱森（Claisen）酯缩合、乙酰乙酸乙酯合成法的原理；
- 掌握加热、搅拌、蒸馏、减压蒸馏、回流、洗涤、干燥等操作技术；
- 熟练掌握酸碱滴定等化学分析方法并熟悉气相色谱分析法；
- 掌握沸点、折射率等物质理化参数的测量方法。

能力目标：

- 能操作加热、搅拌、蒸馏、减压蒸馏、回流、洗涤、干燥等设备和装置；
- 能应用相应的分析法进行相关分析；
- 能进行沸点、折射率等物质理化参数的测量；
- 树立综合利用的思想，了解副产物的提取和过量原料回收的原理和方法。

本实验以乙醇、乙酸为原料，通过乙酸乙酯、乙酰乙酸乙酯的制备，进而合成 4-苯基-2-丁酮，并对原料、中间产品及产品的有关指标进行分析测试。

【制备原理】

（1）酯化反应

$$CH_3COOH + CH_3CH_2OH \underset{\triangle}{\overset{H^+}{\rightleftharpoons}} CH_3COOCH_2CH_3 + H_2O$$

（2）克莱森（Claisen）酯缩合反应

$$2CH_3COOC_2H_5 \xrightarrow{NaOC_2H_5} [CH_3COCHCOOC_2H_5]^- Na^+$$

$$\xrightarrow[CH_3COOH]{} CH_3COCH_2COOC_2H_5 + CH_3COONa$$

$$CH_3-\overset{O}{\overset{\|}{C}}-CH_2-\overset{O}{\overset{\|}{C}} \xrightarrow[C_2H_5OH]{NaOC_2H_5} [CH_3COCHCOOC_2H_5]^- Na^+$$

$$\xrightarrow[PhCH_2Cl]{} \underset{CH_2Ph}{CH_3COCHCOOC_2H_5}$$

（3）水解脱羧反应

$$\underset{CH_2Ph}{CH_3COCHCOOC_2H_5} \xrightarrow[H_2O]{NaOH} \underset{CH_2Ph}{CH_3COCHCOONa} \xrightarrow[-CO_2]{HCl} CH_3COCH_2CH_2Ph$$

（4）加成反应

$$CH_3COCH_2CH_2Ph \xrightarrow[H_2O]{Na_2S_2O_3} \underset{SO_3Na}{\overset{OH}{CH_3-C-CH_2CH_2Ph}}$$

【制备过程】

（一）乙酸乙酯的制备

（1）仪器和试剂

普通蒸馏装置；回流装置；滴液漏斗；分液漏斗；锥形瓶；冰醋酸；乙醇（95％）；浓硫酸；饱和碳酸钠溶液；饱和氯化钠；饱和氯化钙；无水硫酸镁。

（2）实验步骤

① 粗品制备：在干燥的 250mL 三颈瓶中，加入 17mL 95％的乙醇，在振摇与冷却下分批加入 8mL 浓硫酸，混匀后加入几粒沸石，安装反应装置。滴液漏斗颈末端接一段弯曲拉尖的玻璃管，其末端及水银球都需浸入液面下，距瓶底 0.5～1cm。在滴液漏斗中加入 48mL 冰醋酸和 48mL 95％的乙醇并混合均匀。用电热套或水浴加热，当温度升至 120℃时，开始滴加冰醋酸和乙醇的混合物，并调节好滴加速度①，使滴加和馏出乙酸乙酯的速度大致相等，同时维持反应温度在 115～120℃②，滴加约需 1h。滴加完毕，在 115～120℃继续加热 15min。最后可将温度升至 130℃，若不再有液体流出，即可停止加热。

② 精制粗品：在馏出液中慢慢加入约 20mL 饱和碳酸钠溶液③，边搅拌边冷却，直至无二氧化碳逸出，并用 pH 试纸检验酯层呈中性。然后将混合物转入分液漏斗中，充分振摇（注意放气），静置分层后，分去下层水层。酯层用 30mL 饱和氯化钠洗涤④，注意将水层分净⑤。最后再用 30mL 饱和氯化钙洗涤两次，以洗去剩余的乙醇。将酯层由漏斗上口倒入干燥的锥形瓶中，用无水硫酸镁干燥，充分振摇至溶液澄清透明，再放置约 30min。

安装蒸馏装置（仪器必须干燥），将干燥后的粗酯通过漏斗（口上铺一薄层棉花）滤入蒸馏瓶中，加入几粒沸石，加热蒸馏，收集 74～78℃馏分[⑥]。

乙酸乙酯为无色透明且有香味的液体，沸点为 77.06℃，密度为 0.903g/mL，折射率为（n_D^{20}）1.3723。

（二）乙酰乙酸乙酯的制备

（1）仪器和试剂

回流装置；蒸馏装置；减压蒸馏装置；干燥管；分液漏斗；乙酸乙酯；金属钠；50％乙酸溶液；饱和氯化钠；无水氯化钙；无水硫酸镁。

（2）实验步骤

① 粗品制备：在干燥的 250mL 圆底烧瓶中，加入 55mL 乙酸乙酯[⑦]和 5g 金属钠[⑧]，装上回流冷凝管，冷凝管上口装氯化钙干燥管（见图 3-4）。反应立即开始，并有气泡逸出，待剧烈反应过后，用水浴加热回流至金属钠全部作用完（约 2h）。反应结束时整个体系为红棕色透明溶液（有时可能带有少量黄白色沉淀）[⑨]。

② 精制粗品：冷却，拆去冷凝管，边振荡边向烧瓶中加入 50％乙酸溶液，使溶液呈弱酸性[⑩]（记录所用酸的体积）。将反应液移入分流漏斗中，加入等体积的饱和氯化钠溶液，用力振荡数次后静置，分出酯层，用无水硫酸镁干燥。

将干燥过的酯滤入蒸馏烧瓶中，并以少量乙酸乙酯洗涤干燥剂。热水浴上蒸去未作用的乙酸乙酯，当馏出液的温度升至 95℃时停止。

将瓶内剩余液体转入 30mL 克氏烧瓶中，进行减压蒸馏[⑪]，收集乙酰乙酸乙酯。

③ 回收乙酸乙酯：合并经干燥的粗产品和乙酸乙酯洗涤液，热水浴蒸馏回收 76～78℃的乙酸乙酯馏分，回收利用。

乙酰乙酸乙酯为无色或微黄色透明液体，沸点为 180.4℃，密度为 1.0182g/mL，折射率（n_D^{20}）1.4191。

（三）4-苯基-2-丁酮及其与亚硫酸氢钠加成物的制备

（1）仪器和试剂

带有搅拌器的回流装置；滴液漏斗；蒸馏装置；减压蒸馏装置；分液漏斗；金属钠；无水乙醇；乙酰乙酸乙酯；氯化苄；乙醇（95％）；氢氧化钠；浓盐酸；焦亚硫酸钠；无水硫酸镁。

（2）实验步骤

① 4-苯基-2-丁酮的制备：在 250mL 三颈瓶上，安装带有回流冷凝管、搅拌器、滴液漏斗的回流装置。反应瓶中加入 40mL 无水乙醇和 3g 切成小片的金属钠（加入速度以维持溶液微沸为宜），搅拌至金属钠完全溶解。滴加 20mL 乙酰乙酸乙酯，加完后继续搅拌 10min，然后在 30min 内滴加 10.6mL 氯化苄[⑫]，继续搅拌 10min 后加热回流 1.5h，反应物呈米黄色乳浊稠状液，停止加热。稍冷，慢慢加入用 8g 氢氧化钠和 63mL 水配制成的溶液，约 15min 加完，此时反应液呈橙黄色，强碱性。加热回流 2.5h，有油色谱出，水层 pH 为 8～9。停止加热，冷却至 40℃以下，缓慢加入约 19mL 浓盐酸至溶液变黄（pH 为 1～2），大概 20min 加完，再加热回流 1.5h，完成脱羧反应。

改为蒸馏装置，水浴蒸出 78℃以前的低沸点物（含丙酮、乙醇等），馏出液体积约为 25mL，回收利用。

冷却后，将剩余的反应液转入分液漏斗，分出油层（主要为红棕色的产品和二苄基取代物等副产物的混合物），约 18g，含纯品 60％[13]。取出 0.65 体积分数的粗品，不经提纯供下面实验用，其余的用无水硫酸镁干燥后，减压蒸馏，收集 111℃（1596Pa，12mmHg）馏分。

4-苯基-2-丁酮为无色液体，折射率（n_D^{20}）为 1.1511，沸点为 233～234℃，密度为 0.9849g/mL。

② 亚硫酸氢钠加成物的制备。在 100mL 锥形瓶中加入 11.7g 上述粗品、42mL 95％的乙醇，在水浴上加热至 60℃，得到溶液甲。在另一 100mL 锥形瓶中，加入 8.17g 焦亚硫酸钠和 36mL 水，搅拌下加热至 80℃左右，得透明溶液乙。在搅拌下慢慢将甲倒入乙中，加热回流 15min，得透明溶液[14]。冷却，待结晶完全后抽滤，以少量 95％的乙醇洗涤两次，得片状白色结晶，即为 4-苯基-2-丁酮与亚硫酸氢钠加成物[15]。必要时可用 70％的乙醇重结晶。

【分析测试】

（一）原料分析

（1）冰醋酸含量测定

采用酸碱滴定法。见相关分析实验技术。

（2）乙醇含量测定

通过测量液体样品的密度或折射率求得其质量分数。

（3）氯化苄含量测定

采用沉淀滴定法。以乙醇为溶剂，用硝酸银标准溶液滴定。

氯化苄样品的质量分数：

$$w(C_6H_5CH_2Cl) = \frac{Vc(AgNO_3) \times 126.57}{m}$$

式中　　　V——滴定消耗硝酸银标准滴定溶液的体积，L；

$c(AgNO_3)$——硝酸银标准滴定溶液的浓度，mol/L；

　　　　m——试样的质量，g；

　126.57——$C_6H_5CH_2Cl$ 的摩尔质量，g/mol。

（二）中间体分析

（1）乙酸乙酯含量测定

采用气相色谱法。参见相关分析实验技术。

（2）乙酰乙酸乙酯沸点测定

采用常量法，测定方法见本教材"普通蒸馏"。

（三）产品分析

（1）4-苯基-2-丁酮含量测定

采用羰基测定法。分析原理见相关分析实验技术。

4-苯基-2-丁酮的质量分数：

$$w_B = \frac{Vc\left(\frac{1}{2}H_2SO_4\right) \times 148.13}{m}$$

式中　　　V——滴定消耗硫酸标准滴定溶液的体积，L；

$c\left(\frac{1}{2}H_2SO_4\right)$——硫酸标准滴定溶液的浓度，mol/L；

　　　　m——试样的质量，g；

148.13——4-苯基-2-丁酮的摩尔质量，g/mol。

（2）4-苯基-2-丁酮加成物的熔点测定

测定方法见本教材"熔点的测定"。

【注释】

① 控制好混合液的滴加速度，是做好本实验的关键。若滴加速度太快，反应温度迅速下降，同时会使乙醇和乙酸来不及反应就被蒸出，降低酯的产量。

② 温度太高，副产物乙醚的量会增加。

③ 粗乙酸乙酯中含有少量乙醇、乙酸、乙醚和水等杂质。

④ 用饱和食盐水洗涤酯，可降低酯在水溶液中的溶解度，减少酯的损失。

⑤ 用饱和食盐水洗涤酯，可洗去夹杂在酯中的少量碳酸钠，故必须将此种含碳酸钠的水层分净，否则下面再用饱和氯化钙洗涤酯时，会产生絮状的碳酸钙沉淀，给分离造成困难。

⑥ 纯乙酸乙酯的沸点是 77℃，它能和水或乙醇分别形成二元最低共沸物，也能和水、乙醇形成三元最低共沸物。其组成和相应沸点如下：

组成（w_B）	沸点/℃
乙酸乙酯（0.933）-水（0.067）	70.4
乙酸乙酯（0.691）-水（0.309）	71.8
乙酸乙酯（0.833）-水（0.167）	70.3

如果产物是 70～72℃ 馏出，就应重新干燥和蒸馏。

⑦ 乙酸乙酯应干燥，但需含有 0.01～0.02 质量分数的乙醇，其提纯方法如下。

将普通乙酸乙酯用饱和氯化钙溶液洗涤数次，再用焙烧过的无水碳酸钾干燥，在水浴上蒸馏，收集 76～78℃ 馏分。

⑧ 为提高产品的产率，常采用钠珠来替代切成小片的金属钠。钠珠的制法：将 5g 清除表皮的金属钠放入一装有回流冷凝管的 100mL 圆底烧瓶中，立即加入 72mL 预先用金属钠干燥过的二甲苯，将混合物加热直到金属钠完全熔融。停止加热，拆下烧瓶，立即用塞子塞紧后包在毛巾内用力振荡，使钠分散为尽可能小而均匀的小珠，随着二甲苯逐渐冷却，钠珠迅速固化。待二甲苯冷至室温后，将二甲苯倾去并立即加入精制过的乙酸乙酯，反应立即开始。用此法既能提高产品的收率，又能缩短反应时间。

亦可用压钠机直接压成钠丝后立即使用。

⑨ 这种黄色固体是饱和析出的乙酰乙酸乙酯钠盐。

⑩ 用乙酸中和时，宜在振摇下先迅速加入按钠的计算量约 0.80 质量分数的乙酸，然后在振摇下小心加入乙酸至刚呈弱酸性。若开始时慢慢加入乙酸，会使乙酰乙酸乙酯钠盐成大块析出，不易中和。但加入乙酸过量，蒸馏时使酯分解，同时增加酯在水中的溶解度，降低产率。

⑪ 乙酰乙酸乙酯在常压下容易分解，其分解产物为"去水乙酸"，这样会影响产率，故采用减压蒸馏。乙酰乙酸乙酯沸点与压力的关系见表 5-3。

表 5-3   乙酰乙酸乙酯沸点与压力的关系

p/kPa	101	10.4	7.98	5.32	3.99	2.66
t/℃	180.4	100	97	92	88	82

⑫ 氯化苄需是重新蒸过的。

⑬ 此粗产品可直接供后面加成之用，杂质可通过对加成物的重结晶而除去。

⑭ 若溶液中有少量不溶物，暂可不过滤。

⑮ 该产物的俗名为止咳酮，用于止咳药物的制剂与保存。

【讨论与思考】

① 酯化反应有什么特点？在实验中如何创造条件促使酯化反应尽量向生成物方向进行？

② 粗乙酸乙酯中有哪些杂质？在精制中依次用哪些溶液洗涤？各起什么作用？

③ 如何提高克莱森（Claisen）酯缩合反应的转化率？

④ 合成 4-苯基-2-丁酮时用回收的乙醇钠的乙醇溶液有何不好？

⑤ 用乙酰乙酸乙酯合成法还可以合成哪些化合物？试举例说明。

附　　录

附录 1　常用酸、碱的密度和浓度

试剂名称	密度/(g/mL)	w/%	c/(mol/L)	试剂名称	密度/(g/mL)	w/%	c/(mol/L)
盐酸	1.18～1.19	36～38	11.6～12.4	冰醋酸	1.05	99.0～99.8	17.4
硝酸	1.39～1.40	65～68	14.4～15.2	氢氟酸	1.13	40.0	22.5
硫酸	1.83～1.84	95～98	17.8～18.4	氢溴酸	1.49	47.0	8.60
磷酸	1.69	85.0	14.6	氨水	0.88～0.90	25.0～28.0	13.3～14.8
高氯酸	1.68	70.0～72.0	11.7～12.0				

附录 2　强酸、强碱、氨水的质量分数与相对密度、浓度的关系

质量分数/%	H_2SO_4 相对密度	c/(mol/L)	HNO_3 相对密度	c/(mol/L)	HCl 相对密度	c/(mol/L)	KOH 相对密度	c/(mol/L)	NaOH 相对密度	c/(mol/L)	氨溶液 相对密度	c/(mol/L)
2	1.013		1.011		1.009		1.016		1.023		0.992	
4	1.027		1.022		1.019		1.033		1.046		0.983	
6	1.040		1.033		1.029		1.048		1.069		0.973	
8	1.055		1.044		1.039		1.065		1.092		0.967	
10	1.069	1.1	1.056	1.7	1.049	2.9	1.082	1.9	1.115	2.8	0.960	5.6
12	1.083		1.068		1.059		1.100		1.137		0.953	
14	1.098		1.080		1.069		1.118		1.159		0.946	
16	1.112		1.093		1.079		1.137		1.181		0.939	
18	1.127		1.106		1.089		1.156		1.213		0.932	
20	1.143	2.3	1.119	3.6	1.100	6	1.176	4.2	1.225	6.1	0.926	10.9
22	1.158		1.132		1.110		1.196		1.247		0.919	
24	1.178		1.145		1.121		1.217		1.268		0.913	12.9
26	1.190		1.158		1.132		1.240		1.289		0.908	13.9
28	1.205		1.171		1.142		1.263		1.310		0.903	
30	1.224	3.7	1.184	5.6	1.152	9.5	1.268	6.8	1.332	10	0.898	15.8
32	1.238		1.198		1.163		1.310		1.352		0.893	
34	1.255		1.211		1.173		1.334		1.374		0.889	
36	1.273		1.225		1.183	11.7	1.358		1.395		0.884	18.7
38	1.290		1.238		1.194	12.4	1.384		1.416			
40	1.307	5.3	1.251	7.9			1.411	10.1	1.437	14.4		
42	1.324		1.264				1.437		1.458			
44	1.342		1.277				1.460		1.478			
46	1.361		1.290				1.485	16.1	1.499			
48	1.380		1.303				1.511		1.519			
50	1.399	7.1	1.316	10.4			1.538	13.7	1.540	19.3		
52	1.419		1.328				1.564		1.560			
54	1.439		1.340				1.590		1.580			
56	1.460		1.351				1.616	16.1	1.601			
58	1.482		1.362						1.622			
60	1.503	9.2	1.373	13.3					1.643	24.6		
62	1.525		1.384									
64	1.547		1.394									
66	1.571		1.403									
68	1.594		1.412	15.8								
70	1.617	11.6	1.421	15.8								

续表

质量分数 /%	H₂SO₄		HNO₃		HCl		KOH		NaOH		氨溶液	
	相对密度	c/(mol/L)	相对密度	c/(mol/L)	相对密度	c/(mol/L)	相对密度	c/(mol/L)	相对密度	c/(mol/L)	相对密度	c/(mol/L)
72	1.640		1.429									
74	1.664		1.437									
76	1.687		1.445									
78	1.710		1.453									
80	1.732		1.460	18.5								
82	1.755		1.467									
84	1.776		1.474									
86	1.793		1.480									
88	1.808		1.486									
90	1.819	16.7	1.491	23.1								
92	1.830		1.496									
94	1.837		1.500									
96	1.840		1.504									
98	1.841	18.4	1.510									
100	1.838		1.522	24								

注：表中物质的量浓度（c）与密度（D）、百分浓度（A）、摩尔质量（m）的关系式是

$$c = \frac{DA \times 1000}{m}$$

附录3　常用共沸物的组成

二元体系

共沸物		各组分沸点/℃		共沸物性质	
A 组分	B 组分	A 组分	B 组分	沸点/℃	A 组分质量分数/%
水	甲苯	100.0	110.8	84.1	19.6
水	苯	100.0	80.1	69.4	8.9
水	乙酸乙酯	100.0	77.1	70.4	8.2
水	正丁酸甲酯	100.0	102.7	82.7	11.5
水	异丁酸乙酯	100.0	110.1	85.2	15.2
水	苯甲酸乙酯	100.0	212.4	99.4	84.0
水	2-戊酮	100.0	102.5	82.9	13.5
水	乙醇	100.0	78.5	78.1	4.5
水	正丁醇	100.0	117.3	93.0	44.5
水	异丁醇	100.0	108.1	90	33.2
水	仲丁醇	100.0	99.5	88.5	32.1
水	叔丁醇	100.0	82.5	79.9	11.7
水	苄醇	100.0	205.2	99.9	91.0
水	烯丙醇	100.0	97.0	88.2	27.1
水	甲酸	100.0	100.8	107.3	22.5
水	硝酸	100.0	86.0	120.5	32.0
水	氢碘酸	100.0	−34.0	127.0	43.0
水	氢溴酸	100.0	−66.8	126.0	52.5
水	氢氯酸	100.0	−84.0	110.0	79.8
水	乙醚	100.0	34.5	34.2	1.3
水	丁醛	100.0	75.7	68.0	6.0
乙酸乙酯	二硫化碳	77.1	46.3	46.1	7.3

续表

二元体系

共沸物		各组分沸点/℃		共沸物性质	
A 组分	B 组分	A 组分	B 组分	沸点/℃	A 组分质量分数/%
己烷	苯	68.9	80.1	68.8	95.0
己烷	氯仿	68.9	61.2	60.0	28.0
丙酮	二硫化碳	56.2	46.3	39.2	34.0
丙酮	异丙醚	56.2	68.5	54.2	61.0
丙酮	氯仿	56.2	61.2	64.7	20
四氯化碳	乙酸乙酯	76.5	77.1	74.8	57
环己烷	苯	80.7	80.1	77.8	45.0
乙醇	苯	78.5	80.1	67.8	32.4
乙醇	甲苯	78.5	110.8	76.7	68.0
乙醇	乙酸乙酯	78.5	77.1	71.8	30.8

三元体系

共沸物			各组分沸点/℃			共沸物性质			
							质量分数/%		
A 组分	B 组分	C 组分	A 组分	B 组分	C 组分	沸点/℃	A 组分	B 组分	C 组分
水	乙醇	苯	100.0	78.5	80.1	64.6	7.4	18.5	74.1
水	乙醇	乙酸乙酯	100.0	78.5	77.1	70.2	9.0	8.4	82.6
水	丙醇	乙酸丙酯	100.0	97.2	101.6	82.2	21.0	19.5	59.5
水	丙醇	丙醚	100.0	97.2	91.0	74.8	11.7	20.2	68.1
水	异丙醇	甲苯	100.0	82.4	110.8	76.3	13.1	38.2	48.7
水	丁醇	乙酸丁酯	100.0	117.7	126.5	90.7	29.0	8.0	63.0
水	丁醇	丁醚	100.0	117.7	142.2	90.6	29.9	34.6	34.5
水	丙酮	氯仿	100.0	56.2	61.2	60.4	4.0	38.4	57.6
水	乙醇	四氯化碳	100.0	78.5	76.5	61.8	3.4	10.3	86.3
水	乙醇	氯仿	100.0	78.5	61.2	55.2	3.5	4.0	92.5

附录 4　常见有机化合物的物理常数

名称	相对分子质量	折射率 (n_D^{20})	相对密度 (d_4^{20})	熔点/℃	沸点/℃	溶解度	
						水中	乙醚中
环己烷	84.16	1.4266	0.7786	6.5	80.7	i	∞
乙烯	28.05	—	0.5699(−103.7℃)	−169.2	−103.7	i	s
乙炔	26.04	—	0.6181(−82℃)	−80.8	−84.0	i	s
环己烯	82.15	1.4465	0.8102	−103.5	83.0	i	∞
苯	78.12	1.5011	0.8787	5.5	80.1	sl	∞
甲苯	92.15	1.4961	0.8669	−95	110.8	i	∞
硝基苯	123.11	1.5562	1.2037	5.7	210.8	sl	∞
萘	128.17	—	1.1623	80.5	217.9	i	s
一氯甲烷	50.49	1.3389	0.9159	−97.7	−24.2	i	∞
二氯甲烷	84.93	1.4242	1.3266	−95.1	39.7	sl	∞
氯仿	119.38	1.4459	1.4832	−63.5	61.2	sl	∞
四氯化碳	153.82	1.4601	1.5940	−23	76.5	i	∞
1,2-二氯乙烷	98.96	1.4448	1.2569	−35.4	83.5	i	∞
氯苯	112.56	1.5241	1.1058	−45.6	132.2	i	∞

续表

名称	相对分子质量	折射率 (n_D^{20})	相对密度 (d_4^{20})	熔点 /℃	沸点 /℃	溶解度	
						水中	乙醚中
苄氯	126.59	1.5391	1.1002	−39	179.3	i	∞
1-溴丁烷	137.07	1.4401	1.2758	−112.4	101.6	i	∞
溴苯	157.02	1.5597	1.4950	−30.8	156.4	i	∞
碘乙烷	155.97	1.5133	1.9358	−108	72.3	i	∞
甲醇	32.04	1.3288	0.7914	−93.9	64.7	∞	∞
乙醇	46.07	1.3611	0.7893	−117.3	78.5	∞	∞
正丙醇	60.11	1.3850	0.8035	−126.5	97.2	∞	∞
异丙醇	60.11	1.3776	0.7855	−89.5	82.4	∞	∞
正丁醇	74.12	1.3993	0.8098	−89.5	117.3	s	∞
异丁醇	74.12	1.3968	0.8018	−108	108.1	s	∞
仲丁醇	74.12	1.3978	0.8063	−114.7	99.5	s	∞
叔丁醇	74.12	1.3878	0.7887	25.5	82.5	∞	∞
异戊醇	88.15	1.4053	0.8092	−117.2	128.5	sl	∞
2-甲基-2-己醇	116.20	1.4175	0.8119	87.4	143	sl	∞
正辛醇	130.23	1.4295	0.8270	−16.7	194.4	i	∞
环己醇	100.16	1.4641	0.9624	25.1	161.1	s	s
苯甲醇	108.15	1.5396	1.0419	−15.3	205.2	s	s
甘油	92.11	1.4746	1.2613	20	290	∞	i
三苯甲醇	260.33	—	1.199	162.5	380	i	∞
苯酚	94.11	—	1.0576	43	181.8	sl	∞
对苯二酚	110.11	—	1.328	170.5	285	s	s
乙醚	74.12	1.3526	0.7138	−116.2	34.5	s	∞
正丁醚	130.23	1.3992	0.7689	−95.3	142.2	i	∞
甲基叔丁基醚	88.15	1.3690	0.7405	−109	55.2	s	s
苯乙醚	122.17	1.5076	0.9702	−29.5	172	i	s
甲醛	30.03	1.3755	0.815^{-20}	−92	−21	∞	∞
乙醛	44.05	1.3316	0.7834^{18}	−121	20.8	∞	∞
正丁醛	72.12	1.3843	0.817	−99	75.7	s	∞
苯甲醛	106.13	1.5463	1.0415	−26	178.1	sl	∞
丙酮	58.08	1.3588	0.7899	−94.8	56.2	∞	∞
环己酮	98.15	1.4507	0.9478	−16.4	155.6	s	s
苯乙酮	120.16	1.5372	1.0281	20.5	202.2	sl	s
二苯酮	182.21	$1.6077^{19}(\alpha)$	1.1146	$48.1(\alpha)$	305.9	i	s
		$1.6059^{23}(\beta)$		$26.1(\beta)$			
亚苄基丙酮	146.19	1.5836^{50}	1.0377^{15}	42	262	sl	s
苯亚甲基苯乙酮	208.26	1.6458	1.0712	58	219(2.4kPa)	i	s
甲酸	46.03	1.3714	1.220	8.4	100.8	∞	∞
乙酸	60.05	1.3716	1.0415	16.6	117.9	∞	∞
丁酸	88.11	1.3984	0.959	−7.9	162.5	∞	∞
苯甲酸	122.12	1.504^{32}	1.2659^{15}	122.4	249.6	sl	∞
水杨酸	138.12	1.565	1.443	159 升华	211(2.67kPa)	sl	s
乙酰水杨酸	180.16	—	1.35	135	—	i	s
肉桂酸	148.17	—	1.245	133	300	sl	∞
草酸	90.04	1.540	1.900	189.5(分解)	—	s	s
丁二酸	118.18	—	1.572	185	235(分解)	s	sl
酒石酸	150.09	1.4955	1.7598	1702	分解	s	sl
乙酰氯	78.50	1.3898	1.105	−112	50.9	—	∞
苯甲酰氯	140.57	1.5537	1.2120	−1.0	197.2	—	∞
乙酸酐	102.09	1.3901	1.0828	−73.1	139.6	—	∞

续表

名称	相对分子质量	折射率 (n_D^{20})	相对密度 (d_4^{20})	熔点 /℃	沸点 /℃	溶解度	
						水中	乙醚中
顺丁烯二酸酐	98.06	—	1.314	52.8	202.2	—	s
丁二酸酐	100.07	—	1.2340	119.6	261	sl	sl
乙酸乙酯	88.12	1.3723	0.9003	−83.6	77.1	sl	∞
乙酸正丁酯	116.16	1.3941	0.8825	−77.9	126.5	sl	∞
乙酸异戊酯	130.19	1.4003	0.867	−78.5	142	sl	∞
丙二酸二乙酯	160.17	1.4139	1.0551	−48.9	199.3	s	∞
乙酰乙酸乙酯	130.15	1.4194	1.0282	<−45	180.4	s	∞
甲胺	31.06	1.351	0.699^{-11}	−93.9	−6.7	∞	s
三乙胺	101.19	1.4010	0.7275	−114.7	89.3	sl	s
苯胺	93.12	1.5863	1.0217	−6.3	184.1	sl	∞
对硝基苯胺	138.13	—	1.424	148.5	331.7	sl	s
邻硝基苯胺	138.13	—	1.442^{15}	71.5	284.5	sl	s
N-甲基苯胺	107.16	1.5684	0.9891	−57	196.3	sl	∞
N,N-二甲基苯胺	121.18	1.5582	0.9557	2.5	194.2	i	s
乙酰胺	59.07	1.4278	1.159	82.3	221.2	s	i
N,N-二甲基甲酰胺	73.09	1.4305	0.9487	−60.5	152.8	∞	∞
乙酰苯胺	135.17	—	1.2105	114.3	304	sl	s
对硝基乙酰苯胺	180.16	—	—	216	100℃(1.1Pa)	i	s
尿素	60.06	1.484	1.335	132.7	分解	∞	sl
2,4-二硝基苯肼	198.14	—	—	198	分解	sl	sl
环氧乙烷	44.05	1.3597	0.8694	−111.3	10.7	s	s
呋喃	68.08	1.4214	0.9514	−85.6	31.4	i	s
呋喃甲醛	96.09	1.5261	1.1594	−38.7	161.7	s	∞
呋喃甲醇	98.10	1.4868	1.1285	−14.6	171(100kPa)	∞	s
呋喃甲酸	112.09	—	—	133	230	s	s
四氢呋喃	72.12	1.4073	0.8892	−108.6	67	∞	∞

注：1. 折射率如未特别说明，一般表示为 n_D^{20}，即以钠光灯为光源，20℃时所测得的 n 值。

2. 相对密度如未特别说明，一般表示为 d_4^{20}，即表示物质在 20℃时相对于 4℃水的密度。气体的相对密度表示对空气的相对密度。

3. 沸点如未注明压力，一般指常压（101.3kPa）下的沸点。

4. 溶解度 s 为可溶，i 为不溶，sl 为微溶，∞为混溶。

附录5　常用洗液的配制及使用

（1）铬酸洗液

将 $20gK_2Cr_2O_7$ 溶于 20mL 水中，在冷却下慢慢加入 400mL 浓 H_2SO_4（98%）就配成了铬酸洗液。

用铬酸洗液清洗玻璃器皿：浸润或浸泡数小时，再用水冲洗。洗液要回收，多次使用。若发现变绿，即不再使用。该洗液有强烈的腐蚀性，不得与皮肤接触。

（2）氢氧化钠的乙醇溶液

溶解 120g 固体 NaOH 于 120mL 水中，用 95%乙醇稀释至 1L。

在铬酸洗液洗涤无效时，可用该洗液清洗各种油污。由于碱对玻璃有腐蚀作用，此洗液不得与玻璃仪器长时间接触。

（3）含高锰酸钾的氢氧化钠溶液

将 4g 高锰酸钾固体溶于少量水中，加入 100mL 10％NaOH 溶液。

用此洗液清洗玻璃器皿内壁油污或其他有机物质的方法：将该洗液倒入待洗之玻璃器皿内，5～10min 后倒出，在壁的污垢处即析出一层 MnO_2。再加入适量浓盐酸，使之与 MnO_2 反应而生成氯气，则起到清除污垢的作用。

（4）硫酸亚铁的酸性溶液

含有少量 $FeSO_4$ 的稀 H_2SO_4 溶液。

该洗液用于洗涤由于储存 $KMnO_4$ 溶液而残留在玻璃器皿上的棕色污斑。

附录 6　常用试剂的配制方法

（1）Benedict 试剂

溶解 20g 柠檬酸钠和 11.5g 无水碳酸钠于 100mL 热水中，在不断搅拌下，把含有 $2gCuSO_4 \cdot 5H_2O$ 的 20mL 水溶液慢慢加入到此溶液中，此混合溶液应十分清澈，否则应过滤。Benedict 试剂在放置时不易变质，不像 Fehling 试剂那样需要配制成 A、B 两种溶液分别保存，所以比 Fehling 试剂使用方便。

（2）Fehling 试剂

Fehling 试剂由试剂 A 和试剂 B 组成，使用时将二者等体积混合。

Fehling 试剂 A：溶解 3.5g $CuSO_4 \cdot 5H_2O$ 于 100mL 水中，得淡蓝色 Fehling 试剂 A。若浑浊，应过滤后使用。

Fehling 试剂 B：溶解酒石酸钾钠晶体 17g 于 20mL 热水中，加入含 5g 氢氧化钠水溶液 20mL，稀释至 100mL，即得 Fehling 试剂 B。

（3）KI-I_2 溶液配制方法

20g 碘化钾溶于 100mL 蒸馏水中，然后加入 10g 研细的碘粉，搅动至全溶，得深红色溶液。

（4）Lucas 试剂

称取 34g 无水氯化锌，放在蒸发皿中强热熔融，稍冷后放入干燥器中冷却至室温。取出捣碎，加入 23mL 浓盐酸溶解（溶解时应不断搅拌，并将容器放在冷水浴中冷却，以防氯化氢逸出）。配好的试剂存放在玻璃瓶中。此试剂一般在用前现配。

（5）Schiff 试剂

① 在 100mL 热水里，溶解 0.2g 品红盐酸盐，冷却后，加入 2g 亚硫酸氢钠和 2mL 浓盐酸，再用水稀释至 200mL。

② 溶解 0.5g 品红盐酸盐于 100mL 热水中，冷却后，通入二氧化硫达到饱和，加入 0.5g 活性炭，振荡，过滤再用蒸馏水稀释至 500mL。

（6）Tollen 试剂

在洁净的试管中加入 20mL 5％硝酸银溶液、1～2 滴 10％的氢氧化钠溶液，振荡下滴加稀氨水（1mL 浓氨水用 9mL 水稀释），直到析出的氧化银沉淀恰好溶解为止，此即为 Tollen 试剂。

（7）饱和溴水

溶解 15g 溴化钾于 100mL 水中，加入 10g 溴，振荡。

（8）饱和 $NaHSO_3$ 溶液

在 40％的 100mL 亚硫酸钠溶液中，加入 25mL 不含醛的无水乙醇。混合后，如有少量的亚硫酸氢钠固体析出，则需过滤。此溶液不稳定，一般在实验前随配随用。

（9）铬酸试剂

用重铬酸钾 20g 溶于 40mL 水中，加热溶解，冷却，缓慢加入 320mL 浓硫酸即成，储于磨口细口瓶中。

（10）刚果红试纸

将 0.5g 刚果红溶于 1000mL 水中，加 5 滴醋酸。将滤纸条在此温热溶液中浸湿后，取出晾干，裁成纸条，试纸呈鲜红色。

（11）2,4-二硝基苯肼试剂

取 3g 2,4-二硝基苯肼溶于 15mL 浓硫酸中，所得到的溶液在搅拌下缓缓加入 70mL 95％乙醇和 20mL 水的混合液中，过滤，将滤液保存在棕色瓶中备用。

2,4-二硝基苯肼有毒！使用时切勿让它与皮肤接触，如不慎触及，应立即用 5％醋酸冲洗，再用肥皂洗涤。

（12）苯肼试剂

① 将 5mL 苯肼溶于 50mL 10％的乙酸溶液中，加入活性炭 0.5g，过滤，装入棕色瓶中储存备用。

② 溶解 5g 苯肼盐酸盐于 160mL 水中（必要时可微热助溶），加 0.5g 活性炭脱色，过滤。在滤液中加 9g 结晶醋酸钠，搅拌溶解，储存在棕色瓶中备用。

③ 将 2 份质量的苯肼盐酸盐与 3 份质量的无水醋酸钠混合均匀，研磨成粉末，储存在棕色瓶中。用时可取适量混合物溶于水，直接使用。

（13）淀粉溶液的配制

用 7.5mL 冷水和 0.5g 淀粉充分混合成一均匀的悬浮物，勿使块状物存在。将此悬浮物倒入 67mL 沸水中，继续加热几分钟即得淀粉溶液。

（14）α-萘酚乙醇溶液

取 2g α-萘酚溶于 20mL 95％乙醇中，用 95％乙醇稀释至 100mL，储于棕色瓶中，一般现用现配。

（15）谢里瓦诺夫试剂

0.05g 间苯二酚溶于 50mL 浓盐酸中，再用水稀释至 100mL。

（16）硝酸汞试剂（米隆试剂）

将 1g 金属汞溶于 2mL 浓硝酸中，用两倍水稀释，放置过夜，过滤即得。它主要含有汞或亚汞的硝酸盐和亚硝酸盐，此外，还含有过量的硝酸和少量的亚硝酸。

附录 7　常用溶剂和特殊试剂的纯化

试剂规格一般分为一级（G.R.）保证试剂；二级（A.R.）分析纯试剂；三级（C.P.）化学纯试剂；四级（L.R.）实验试剂。按照实验要求购买某一规格试剂与溶剂是化学工作者必须具备的基本知识。大多有机试剂与溶剂性质不稳定，久储易变色、变质，而化学试剂和溶剂的纯度直接关系到反应速率、反应产率及产物的纯度。为合成某一目标分子，选择什么规格的试剂以及为满足合成反应的特殊要求，对试剂与溶剂进行纯化处理，这些都是有机合成的基本知识与基本操作内容。以下将介绍一些常用试剂和某些溶剂在实验室条件下的纯化方法及相关性质。

（1）正己烷（hexane）

沸点 68.7℃，n_D^{20} 0.6378，d_4^{20} 1.3723。

用 35％发烟硫酸分次振摇至酸层无色，再顺次用蒸馏水、10％碳酸氢钠溶液、少量水洗涤两次，以无水硫酸钙或硫酸镁干燥，加入金属钠，放置，蒸馏。

（2）石油醚（petroleum）

石油醚为轻质石油产品，是低分子质量烃类（主要是戊烷和己烷）的混合物。其沸程为 30～150℃，收集的温度区间一般为 30℃左右，如有 30～60℃（d_4^{20} 0.59～0.62），60～90℃（d_4^{20} 0.64～0.66），90～120℃（d_4^{20} 0.67～0.72），120～150℃（d_4^{20} 0.72～0.75）等沸程规格的石油醚。石油醚中含有少量不饱和烃，沸点与烷烃相近，不能用蒸馏法分离，必要时可用浓硫酸和高锰酸钾把它除去。通常将石油醚用其体积 1/10 的浓硫酸洗涤两三次，再用 10％的浓硫酸加入高锰酸钾配成的饱和溶液洗涤，直至水层中的紫色不再消失为止，然后再用水洗，经无水氯化钙干燥后蒸馏。如需要绝对干燥的石油醚，则需加入钠丝（见无水乙醚处理）。

使用石油醚作溶剂时，由于轻组分挥发快，溶解能力降低，通常在其中加入苯、氯仿、乙醚等增加其溶解能力。

（3）苯（benzene）

沸点 80.1℃，n_D^{20} 1.5011，d_4^{20} 0.8787。

普通苯可能含有少量噻吩。

① 噻吩的检验。取 5 滴苯于小试管中，加入 5 滴浓硫酸及 1～2 滴 1％α,β-吲哚醌的浓硫酸溶液，振摇后呈墨绿色或蓝色，说明含有噻吩。

② 除去噻吩。可用相当于苯体积 15％的浓硫酸洗涤数次，直至酸层呈无色或浅黄色；然后再分别用水、10％碳酸钠水溶液和水洗涤，用无水氯化钙干燥过夜，过滤后进行蒸馏，收集纯品。若要进一步除水，可在上述的苯中加入钠丝去水，再经蒸馏。

（4）甲苯（toluene）

沸点 110.8℃，n_D^{20} 1.4961，d_4^{20} 0.8669。

用无水氯化钙将甲苯进行干燥，过滤后加入少量金属钠片，再进行蒸馏，即得无水甲苯。普通甲苯中可能含有少量甲基噻吩。

除去甲基噻吩的方法：在 1000mL 甲苯中加入 100mL 浓硫酸，摇荡约 30min（温度不要超过 30℃），除去酸层；然后再分别用水、10％碳酸钠水溶液和水洗涤，以无水氯化钙干燥过夜；过滤后进行蒸馏，收集纯品。

（5）二甲苯（xylene）

用浓硫酸振摇两次，顺次用蒸馏水、5％碳酸氢钠溶液或氢氧化钠溶液洗涤一次，再用蒸馏水洗，然后以无水硫酸钙与五氧化二磷干燥，蒸馏。

（6）氯仿（chloroform）

沸点 61.2℃，n_D^{20} 1.4459，d_4^{20} 1.4832。

普通用的氯仿含有 1％乙醇（它是作为稳定剂加入的，以防止氯仿分解为有害的光气）。除去乙醇的方法：用其体积一半的水洗涤氯仿 5～6 次，分出氯仿层，无水氯化钙干燥 24h，进行蒸馏，收集的纯品要储于棕色瓶中，放置于暗处，以免受光分解而形成光气。

氯仿不能用金属钠干燥，否则会发生爆炸。

(7) 二氯甲烷（dichloromethane）

沸点 39.7℃，$n_D^{20} 1.4242$，$d_4^{20} 1.3266$。

二氯甲烷为无色挥发性液体，蒸气不燃烧，与空气混合也不发生爆炸，微溶于水，能与醇、醚混合。它可以代替醚作萃取溶剂用。

二氯甲烷纯化可用浓硫酸振荡数次，至酸层无色为止。水洗后，用 5% 的碳酸钠洗涤，然后再用水洗。以无水氯化钙干燥，蒸馏，收集 39.5～41℃ 的馏分。二氯甲烷不能用金属钠干燥，因其会发生爆炸。同时注意不要在空气中久置，以免氧化，应储存于棕色瓶内。

(8) 四氯化碳（tetrachlomethane）

沸点 76.5℃，$n_D^{20} 1.4601$，$d_4^{20} 1.5940$。

普通四氯化碳中含二硫化碳约 4%。纯化时，可将 1L 四氯化碳与 60g 氢氧化钾溶于 60mL 水和 100mL 乙醇配成的溶液，在 50～60℃ 时剧烈振荡 0.5h，然后水洗。再将此四氯化碳按上述方法重复操作一次（氢氧化钾的用量减半），分出四氯化碳。再用少量浓硫酸洗至无色，然后再用水洗，用无水氯化钙干燥，蒸馏即得。

四氯化碳不能用金属钠干燥，否则会发生爆炸。

(9) 1,2-二氯乙烷（1,2-dichloroethane）

沸点 83.5℃，$n_D^{20} 1.4448$，$d_4^{20} 1.2569$。

1,2-二氯乙烷是无色液体，有芳香气味，溶于 120 份水中可与水形成恒沸物（含水 18.5%，沸点 72℃），可与乙醇、乙醚和氯仿相混合。在重结晶和萃取时是很有用的溶剂。一般纯化可依次用浓硫酸、水、稀碱溶液和水洗涤，然后用无水氯化钙干燥，或加入五氧化二磷（20g/L），加热回流 2h，常压蒸馏即可。

(10) 碘甲烷（iodomethane）

沸点 42.5℃，$n_D^{20} 1.5380$，$d_4^{20} 2.2790$。

无色液体，见光变褐色，游离出碘。

纯化方法：用硫代硫酸钠或亚硫酸钠的稀溶液反复洗至无色，然后用水洗，用无水氯化钙干燥，蒸馏。碘甲烷应盛于棕色瓶中，避光保存。

(11) 无水甲醇（absolute methyl alcohol）

沸点 64.7℃，$n_D^{20} 1.3288$，$d_4^{20} 0.7914$。

甲醇大多数通过合成法制备。一般纯度能达到 99.85%，其中可能含有极少量的杂质，如水和丙酮。由于甲醇和水不能形成恒沸点混合物，故可以通过高效精馏柱分馏将少量的水除去。精制的甲醇含有 0.02% 的丙酮和 0.1% 的水。如要制无水甲醇，也可使用镁制无水乙醇的方法。若含水量低于 0.1%，也可用 3A 或 4A 分子筛干燥。甲醇有毒，处理时应避免吸入其蒸气。

(12) 无水乙醇（absolute ethyl alcohol）

沸点 78.5℃，$n_D^{20} 1.3611$，$d_4^{20} 0.7893$。

无水乙醇一般只能达到 99.5% 的纯度。许多反应中则需用纯度更高的乙醇，因此在工作中经常需自己制备绝对乙醇。通常工业用的 95.5% 的乙醇不能直接用蒸馏法制取无水乙醇，因 95.5% 的乙醇和 4.5% 的水可形成恒沸混合物。要把水除去，第一步是加入氧化钙（生石灰）煮沸回流，使乙醇中的水与生石灰作用生成氢氧化钙，然后再将无水乙醇蒸出。这样得到的无水乙醇，纯度最高约为 99.5%。如用纯度更高的无水乙醇，可用金属镁或金属钠进行处理。

① 无水乙醇的制备。在 250mL 的圆底烧瓶中放入 45g 生石灰、100mL 95.5％乙醇，装上带有无水氯化钙干燥管的回流冷凝管，在水浴上回流 2～3h，然后改装成蒸馏装置，进行蒸馏，收集产品 70～80mL，这样制备的乙醇纯度达到 99.5％。

② 绝对乙醇的制备。在 250mL 的圆底烧瓶中放置 0.60g 干燥纯净的镁条、10mL 99.5％乙醇，装上回流冷凝管，并在冷凝管上端安装一支无水氯化钙干燥管（以上所用仪器都必须是干燥的），在沸水浴上或用小火直接加热达微沸。移去热源，立即加入几粒碘片（此时注意不要振荡），顷刻即在碘粒附近发生作用，最后可以达到相当剧烈的程度，有时作用太慢则需加热，如果在加碘之后，作用仍不开始，可再加入数粒碘（一般讲，乙醇与镁的作用是缓慢的，如所用乙醇含水量超过 0.5％时，作用尤其困难）。待全部镁已经作用完毕后，加入 100mL 99.5％乙醇和几粒沸石。回流 1h，蒸馏，收集产品并保存于玻璃瓶中，用一橡皮塞塞住，这样制备的乙醇纯度超过 99.99％。

（13）异丙醇（isopropanol）

沸点 82.4℃，n_D^{20} 1.3776，d_4^{20} 0.7855。

化学纯或分析纯的异丙醇作为一般溶剂使用并不需要做纯化处理，只有在要求较高的情况下（如制异丙醇铝）才需要纯化。纯化的方法因试剂的规格不同而不同。化学纯或更高规格的异丙醇可直接用 3A 或 4A 分子筛干燥后使用。含量 91％左右的异丙醇可与氧化钙回流 5h 左右，然后用高效精馏柱分馏，收集 82～83℃馏分，用无水硫酸铜干燥数天，再次分馏至沸点恒定，含水量可低于 0.01％。

（14）正丁醇（n-butyl alcohol）

沸点 117.3℃，n_D^{20} 1.3993，d_4^{20} 0.8098。

用无水碳酸钾或无水硫酸钙进行干燥，过滤后，将滤液进行分馏，收集纯品。

（15）乙二醇（ethandiol）

沸点 197.9℃，n_D^{20} 1.4306，d_4^{20} 1.1155。

乙二醇很容易潮解，精制时用氧化钙、硫酸钙、硫酸镁或氢氧化钠干燥后减压蒸馏。蒸馏液通过 4A 分子筛，再在氮气流中加入分子筛蒸馏。

（16）无水乙醚（absolute ether）

沸点 34.5℃，n_D^{20} 1.3526，d_4^{20} 0.7138。

乙醚中常含有一定量的水、乙醇和少量其他杂质，如储藏不当，还容易产生少量的过氧化物，对于一些要求以无水乙醚作为介质的反应，实验室中常常需要把普通乙醚提纯为无水乙醚。制备无水乙醚时首先要检验有无过氧化物。

① 过氧化物的检验与除去。取 0.5mL 乙醚，加入 0.5mL 2％碘化钾溶液和几滴稀盐酸（2mol/L）一起振荡，再加几滴淀粉溶液。若溶液显蓝色或紫色，即证明乙醚中有过氧化物存在。除去的方法是：在分液漏斗中加入普通乙醚和相当于乙醚体积 20％的新配制的硫酸亚铁溶液，剧烈振荡后分去水层，将乙醚按下述方法精制。

② 无水乙醚的制备。在 250mL 圆底烧瓶中，放置 100mL 除去过氧化物的普通乙醚和几粒沸石，装上冷凝管。冷凝管上端通过一带有侧槽的橡皮塞，插入盛有 10mL 浓硫酸的滴液漏斗，通入冷凝水，将浓硫酸慢慢滴入乙醚中。由于脱水作用所产生的热，使乙醚自行沸腾，加完后振荡反应物。

待乙醚停止沸腾后，拆下冷凝管，改成蒸馏装置。在接收乙醚的接引管支管上连一氯化钙干燥管，并用橡皮管将乙醚蒸气引入水槽。向蒸馏瓶中加入沸石后，用水浴加热（禁止明火）蒸馏。蒸馏速率不宜太快，以免冷凝管不能冷凝全部的乙醚蒸气。当蒸馏速率显著下降时（收集到 70～80mL），即可停止蒸馏。瓶内所剩残液，倒入指定的回收瓶中（切记：不能向残余液内加水）。

将蒸馏收集到的乙醚倒入干燥的锥形瓶中，加入少量的钠丝或钠片，然后使用一个带有干燥管的塞子塞住，放置 48h，使乙醚中残余的少量水和乙醇转变成氢氧化钠和乙醇钠。如不再有气泡逸出，同时钠的表面较好，则可储存备用。如放置后，金属钠的表面全部被氢氧化钠所覆盖，就需要再加入少量的钠丝或钠片，放置无气泡发生。这种无水乙醚可符合一般无水要求。

（17）丙酮（acetone）

沸点 56.2℃，$n_D^{20} 1.3588$，$d_4^{20} 0.7899$。

丙酮往往含有甲醇、乙醛、水等杂质，利用简单的蒸馏方法，不能把丙酮和这些杂质分离开。含有上述杂质的丙酮，不能作为某些反应（如 Grignard 反应）的合适原料，需经过处理后才能使用。两种处理方法如下。

① 于 100mL 丙酮中，加入 0.50g 高锰酸钾进行回流，以除去还原性杂质。若高锰酸钾的紫色很快褪去，需再加入少量高锰酸钾继续回流，直至紫色不再消退时，停止回流，将丙酮蒸出。用无水碳酸钾或无水硫酸钙干燥 1h。过滤后蒸馏，收集 55～56.5℃的蒸出液。

② 将 100mL 丙酮装入分液漏斗中，先加入 4mL 10％的硝酸银溶液，再加入 3.5mL 0.1mol/L 的氢氧化钠溶液，振荡 10min，分出丙酮层。用无水碳酸钾或无水硫酸钙干燥 1h。过滤后蒸馏，收集 55～56.5℃的蒸出液。此法比①快，但硝酸银较贵，只宜作少量纯化用。

（18）苯甲醛（benzaldehyde）

沸点 178.1℃，$n_D^{20} 1.5463$，$d_4^{20} 1.0415$。

带有苦杏仁味的无色液体，能与乙醇、乙醚、氯仿相混溶，微溶于水。由于在空气中易氧化成苯甲酸，使用前需经蒸馏，沸点 64～65℃/1.60kPa（12mmHg）。低毒，但对皮肤有刺激，触及皮肤可用水洗。

（19）二硫化碳（carbon disulfide）

沸点 46.3℃，$n_D^{20} 1.6310$，$d_4^{20} 1.2661$。

二硫化碳是有毒的化合物（可使血液和神经组织中毒），又具有高度的挥发性和易燃性，使用时必须注意，尽量避免接触其蒸气。普通二硫化碳中常含有硫化氢和硫黄等杂质，故其味很难闻，久置后颜色变黄。

一般二硫化碳要求不高的实验，可在二硫化碳中加入少量无水氯化钙干燥数小时，然后在水浴中蒸馏收集。

制备较纯的二硫化碳，则需将试剂级的二硫化碳用 0.5％的高锰酸钾水溶液洗涤 3 次，除去硫化氢；再用汞不断振荡除去硫，用 2.5％硫酸汞溶液洗涤，除去所有恶臭（剩余的硫化氢），再经无水氯化钙干燥，蒸馏收集。

（20）醋酸（acetic acid）

沸点 117.9℃，$n_D^{20} 1.3716$，$d_4^{20} 1.0415$。

将市售醋酸在 4℃下慢慢结晶，并在冷却下迅速过滤，压干。少量的水可用五氧化二磷（10g/L）回流干燥几小时除去。

冰醋酸对皮肤有腐蚀作用，接触到皮肤或溅到眼睛里时，要用大量水冲洗。

（21）醋酸酐（acetic anhydride）

沸点 139.6℃，$n_D^{20} 1.3901$，$d_4^{20} 1.0828$。

加入无水醋酸钠（20g/L）回流并蒸馏，醋酸酐对皮肤有严重腐蚀作用，使用时需戴防护眼镜及手套。

（22）乙酸乙酯（ethyl acetate）

沸点 77.1℃，$n_D^{20} 1.3723$，$d_4^{20} 0.9003$。

分析纯的乙酸乙酯含量为 99.5%，可满足一般使用要求。工业乙酸乙酯含量为 95%～98%，含有少量水、乙醇和醋酸，可用下列方法提纯。

① 用等体积的 5% 碳酸钠水溶液洗涤后，再用饱和氯化钙水溶液洗涤，以无水碳酸钾或无水硫酸镁进行干燥，过滤后蒸馏，收集 77℃ 馏分。

② 于 100mL 乙酸乙酯中加入 10mL 醋酸酐、1 滴浓硫酸，加热回流 4h，除去乙醇和水等杂质，然后进行分馏。馏出液用 2～3g 无水碳酸钾振荡，干燥后再蒸馏，纯度可达 99.7%。

（23）亚硫酰氯（thionylchloride）

沸点 75.8℃，$n_D^{20} 1.5170$，$d_4^{20} 1.656$。

亚硫酰氯又称氯化亚砜，为无色或微黄色液体，有刺激性，遇水强烈分解。工业品常含有氯化砜、一氯化硫、二氯化硫，一般经蒸馏纯化，但经常仍有黄色。需要更高纯度的试剂时，可用喷淋和亚麻油依次重蒸纯化，但处理手续麻烦，收率低，剩余残渣难以洗净。使用硫黄处理，操作较为方便，效果较好。搅拌下将硫黄（20g/L）加入亚硫酰氯中，加热，回流 4.5h。用分馏柱分馏，得无色纯品。

操作中要小心，本品对皮肤与眼睛有刺激性。

（24）苯胺（aniline）

沸点 184.1℃，$n_D^{20} 1.5863$，$d_4^{20} 1.0217$。

在空气中或光照下苯胺颜色变深，应密封储存于避光处。苯胺稍溶于水，能与乙醇、氯仿和大多数有机溶剂互溶。可与酸成盐，苯胺盐酸盐的熔点 198℃。

纯化方法：为除去含硫的杂质，可在少量氯化锌存在下，用氮气保护，减压蒸馏，沸点 77～78℃/2.0kPa（5mmHg）。

吸入苯胺蒸气或经皮肤吸收会引起中毒症状。

（25）N,N-二甲基甲酰胺（N,N-dimethyl formamide，DMF）

沸点 152.8℃，$n_D^{20} 1.4305$，$d_4^{20} 0.9487$。

三级纯以上 N,N-二甲基甲酰胺含量不低于 95%，主要杂质为胺、氨、甲醛和水。常压蒸馏时会有部分分解，产生二甲胺和一氧化碳，若有酸、碱存在，分解加快。

纯化方法：先用无水硫酸镁干燥 24h，再加固体氢氧化钾振摇干燥，然后减压蒸馏，收集 76℃/4.79kPa（36mmHg）的馏分。如其中含水较多时，可加入 1/10 体积的苯，在常压蒸去苯、水、氨和胺，再进行蒸馏。若含水量较低时（低于 0.05%），可用 4A 型分子筛干燥 12h 以上，再减压蒸馏。

N,N-二甲基甲酰胺见光可慢慢分解为二甲胺和甲醛，故宜避光储存。

（26）乙腈（acetonitrile）

沸点 81.6℃，$n_D^{20} 1.3442$，$d_4^{20} 0.7857$。

乙腈是惰性溶剂，可用于反应及重结晶。乙腈与水、醇、醚可任意混溶，与水生成共沸物（含乙腈 84.2%，沸点 76.7℃），市售乙腈常含有水、不饱和腈、醛和胺等杂质，化学纯以上的乙腈含量高于 95%。

纯化方法：可将试剂乙腈用无水碳酸钾干燥，过滤，再与五氧化二磷（20g/L）加热回流，直至无色，用分馏柱分馏。乙腈可储存于放有分子筛的棕色瓶中。乙腈有毒，常含有游离氢氰酸。

（27）吡啶（pyridine）

沸点 115.5℃，n_D^{20}1.5095，d_4^{20}0.9819。

分析纯的吡啶含有少量的水，但可供一般应用。如要制备无水吡啶，可与粒状氢氧化钠或氢氧化钾回流，然后进行蒸馏，即得无水吡啶。吡啶容易吸水，蒸馏时要注意防潮。

（28）四氢呋喃（tetrahydrofuran，THF）

沸点 67℃，n_D^{20}1.4073，d_4^{20}0.8892。

四氢呋喃是具有乙醚气味的无色透明液体。市售的四氢呋喃含有少量水和过氧化物（过氧化物的检验和除去方法同乙醚）。可将市售无水四氢呋喃用粒状氢氧化钾干燥，放置 1～2天。若干燥剂变形，产生棕色糊状物，说明含有较多水和过氧化物。经上述方法处理后，可用氢化锂铝（AlLiH$_4$）在隔绝潮气下回流（通常 1000mL 四氢呋喃需 2～4g 氢化锂铝），以除去其中的水和过氧化物，然后蒸馏，收集 66～67℃的馏分。蒸馏时不宜蒸干，防止残余过氧化物爆炸。

精制后的四氢呋喃应在氮气中保存，如需久置，应加入 0.025%的抗氧剂 2,6-二叔丁基-4-甲基苯酚。

（29）二甲基亚砜（dimethyl sulfone，DMSO）

沸点 189℃，n_D^{20}1.4783，d_4^{20}1.0954。

二甲基亚砜为无色、无味、微带苦味的吸湿性液体，是一种优异的非质子极性溶剂，常压下加热至沸腾可部分分解。市售试剂级二甲基亚砜含水量约为 1%。纯化时，通常先减压蒸馏，然后用 4A 型分子筛干燥，或用氢氧化钙粉末搅拌 48h，再减压蒸馏，收集 64～65℃/533Pa（4mmHg）的馏分。蒸馏时，温度不宜高于 90℃，否则会发生歧化反应生成二甲基砜和二甲基硫醚。二甲基亚砜与某些物质（如氢化钠、高碘酸或高氯酸镁等）混合时可发生爆炸，应注意安全。

（30）二氧六环（dioxane）

沸点 101.5℃（熔点 12℃），n_D^{20}1.4224，d_4^{20}1.0337。

又称 1,4-二氧六环，与水互溶，无色，易燃，能与水形成共沸物（含量为 81.6%，沸点 87.8℃），普通品中含有少量二乙醇缩醛与水。

纯化方法：500mL 二氧六环中加入 8mL 浓盐酸和 50mL 水的溶液，回流 6～10h，回流过程中，慢慢通入氮气，以除去生成的乙醛。冷却后，加入粒状氢氧化钾，直到不能再溶解为止，分去水层，再用粒状氢氧化钾干燥 24h。过滤，在其中加入金属钠回流 8～12h，蒸馏，加入钠丝密封保存。

长久储存的二氧六环中可能含有过氧化物，要注意除去，然后再处理。

附录 8　危险化学试剂的使用和保存

因为很多化学试剂是剧毒、可燃和易爆炸的，所以必须正确使用和保管，应严格遵守操作规程，方可避免事故发生。

根据常用的一些化学试剂的危险性质，可以将其大致分为易燃品、易爆品和有毒品三类，现分析如下。

（1）易燃化学试剂

分　类	举　　例
可燃气体	煤气、氢气、硫化氢、二氧化硫、甲烷、乙烷、乙烯、氯甲烷等
易燃液体	石油醚、汽油、苯、甲苯、二甲苯、乙醚、二硫化碳、甲醇、乙醇、乙醛、丙酮、乙酸乙酯、苯胺等
易燃固体	红磷、萘、镁、铝等
自燃物质	黄磷等

实验室保存和使用易燃、有毒试剂应注意以下几点。

① 实验室内不要保存大量易燃溶剂，少量的也需密封，切不可放在开口容器内，需放在阴凉背光和通风处并远离火源，不能接近电源及暖气等。腐蚀橡皮的试剂不能用橡皮塞。

② 蒸馏、回流易燃液体时，不能直接用火加热，必须用水浴、油浴或加热套。

③ 易燃蒸气密度大多比空气小，能在工作台面流动，故即使在较远处的火焰也有可能使其着火。尤其处理较大量乙醚时，必须在没有火源且通风的实验室中进行。

④ 用过的溶剂不得倒入下水道中，必须设法回收。含有机溶剂的滤渣不能丢入敞口的废物缸内，燃着的火柴头切不能丢入废物缸内。

⑤ 某些易燃物质，如黄磷在空气中能自燃，必须保存在盛水玻璃瓶中，绝不能直接放在金属筒中，以免腐蚀。自水中取出后，立即使用，不得露置在空气中过久。用过后必须采取适当方法销毁残余部分，并仔细检查有无散失在桌面或地面上。

（2）易爆化学试剂

某些以较高速率进行的放热反应，因生成大量气体会引起爆炸并伴随燃烧，一般来说，易爆物质的化学结构中，大多是含有以下基团的物质。

易爆物质中的常见的基团	易爆物质举例	易爆物质中的常见的基团	易爆物质举例
—O—O—	臭氧，过氧化物	—N≡N—	重氮及叠氮化合物
—O—ClO₂	氯酸盐，高氯酸盐	—ON≡C	雷酸盐
=N—Cl	氮的氯化物	—NO₂	硝基化合物(三硝基甲苯、苦味酸盐)
—N=O	亚硝基化合物	—C≡C—	乙炔化合物(乙炔金属盐)

① 能自行爆炸的化学试剂：高氯酸铵、硝酸铵、浓高氯酸、雷酸汞、三硝基甲苯等。

② 能混合发生爆炸的试剂

· 高氯酸＋酒精或其他有机物；

· 高锰酸钾＋甘油或其他有机物；

· 高锰酸钾＋硫酸或硫；

· 硝酸＋镁或碘化氢；

· 硝酸铵＋酯类或其他有机物；

· 硝酸铵＋锌粉＋水滴；

· 硝酸盐＋氯化亚锡；

· 过氧化物＋铝＋水；

· 硫＋氧化汞；

· 金属钠或钾。

此外氧化物与有机物接触，极易引起爆炸。在使用浓硝酸、高氯酸、过氧化氢等时，应特别注意。使用可能发生爆炸的化学试剂时应注意以下几点：

·必须做好个人防护，戴面罩或防护眼镜，并在通风橱中进行操作；

·要设法减少试剂用量或浓度，进行少量试验；

·平时危险试剂要妥善保存，如苦味酸需存在水中，某些过氧化物（过氧化苯甲酸）必须加水保存；

·易爆炸残渣必须妥善处理，不得随意乱丢。

（3）有毒化学试剂

我们日常所接触的化学试剂中，少数是剧毒试剂，使用时必须十分谨慎；很多试剂是经长期接触或接触量过大，产生急性或慢性中毒。但只要掌握使用毒品的规则和防范措施，即可避免或把中毒的机会减少到最低程度。以下对毒品进行分类介绍，以加强防护措施，避免试剂对人体的伤害。

① 有毒气体。溴、氯、氟、氢氰酸、氟化物、溴化物、氯化物、二氧化硫、硫化氢、光气、氨、一氧化碳等均为窒息或具刺激性气体。在使用以上气体进行实验时，应在通风良好的通风橱中进行，并设法吸收有毒气体，减少环境污染。如遇大量有毒气体逸至室内，应关闭气体发生装置，迅速停止试验，关闭火源、电源，离开现场。如发生中毒事故，应视情况及时采取措施，妥善处理。

② 强酸或强碱。硝酸、硫酸、盐酸、氢氧化钠、氢氧化钾均刺激皮肤，有腐蚀作用，造成化学烧伤。吸入强酸烟雾，会刺激呼吸道，使用时加倍小心，严格按操作过程进行。

取碱时必须戴防护眼镜及手套。配制碱液时，应在烧杯中进行，不能在小口瓶或量筒中进行，以防容器受热破裂造成事故。开启氨水瓶时，必须事先冷却，瓶口朝无人处，最好在通风橱中进行。

如遇皮肤或眼睛受伤，应迅速冲洗。如果被酸损伤，立即用 3% 碳酸氢钠冲洗；如果被碱损伤，立即用 1%～2% 醋酸冲洗；眼睛则用饱和硼酸溶液冲洗。

③ 无机试剂。

·氰化物及氢氰酸。毒性极强，致毒作用极快，空气中氰化氢含量达到万分之三，即可在数分钟内致人死亡；内服少量氰化物，亦可很快中毒死亡。取用时，必须特别注意，氰化物必须密封保存。

氰化物要有严格的领用保管制度，取用时必须戴厚口罩、防护眼镜及手套，手上有伤口时不得进行该项实验。使用过的仪器、桌面均亲自收拾，用水冲净，手及脸亦应仔细洗净。氰化物的销毁方法是使其与亚铁盐在碱性介质中作用生成亚铁氰酸盐。

·汞。在室温下即能蒸发，毒性极强，能致急性中毒或慢性中毒。使用时须注意室内通风；提纯或处理时，必须在通风橱中进行。

若有汞洒落时，要用滴管收起，分散的小颗粒也要尽量汇拢收集，然后再用硫黄粉、锌粉或氯化铁溶液清除。

·溴。溴液可致皮肤烧伤，其蒸气刺激黏膜，甚至使眼睛失明。使用时应在通风橱内进行。当溴液洒落时，要立即用沙掩埋。如皮肤烧伤，应立即用稀乙醇洗或甘油按摩，然后涂以硼酸凡士林软膏。

·黄磷。极毒，切不能用手直接取用，否则会引起严重持久烫伤。

④ 有机试剂

·有机溶剂　有机溶剂大多为脂溶性液体，对皮肤黏膜有刺激作用。例如：苯不但刺激皮肤，易引起顽固湿疹，对造血系统及中枢神经均有严重损害；甲醇对视觉神经特别有害。在条件允许的情况下，最好用毒性较低的石油醚、醚、丙酮、二甲苯代替二硫化碳、苯和氯代烷类。

・芳香硝基化合物　化合物中硝基愈多毒性就愈大，在硝基化合物中增加氯原子，亦可增加毒性。这类化合物的特点是能迅速被皮肤吸收，中毒后引起顽固性贫血及黄疸病，刺激皮肤引起湿疹。

・苯酚　苯酚能够烧伤皮肤，引起坏死或皮炎，皮肤被沾染应立即用温水及稀酒精清洗。

・致癌物　国际癌症研究机构（IARC）1994 年公布了对人体肯定有致癌作用的几十种化学物质，其中主要有多环芳烃类、芳香胺类、氨基偶氮染料类、天然致癌物等。如 3,4-苯并芘、1,2,5,6-二苯并蒽、2-萘胺、亚硝基二甲胺、联苯胺、4-二甲氨基偶氮苯、煤焦油、硫酸二甲酯、黄曲霉素等。

参 考 文 献

[1] 黄涛. 有机化学实验. 北京：高等教育出版社，1998.

[2] 曾昭琼. 有机化学实验. 第3版. 北京：高等教育出版社，2000.

[3] 焦家俊. 有机化学实验. 上海：上海交通大学出版社，2000.

[4] 王福来. 有机化学实验. 武汉：武汉大学出版社，2001.

[5] 李兆陇，阴金香，林天舒. 有机化学实验. 北京：清华大学出版社，2001.

[6] 高占先. 有机化学实验. 第4版. 北京：高等教育出版社，2004.

[7] 廖蓉苏，丁来欣. 有机化学实验. 北京：中国林业出版社，2004.

[8] 丁长江. 有机化学实验. 北京：科学出版社，2006.

[9] 郭书好. 有机化学实验. 第2版. 武汉：华中科技大学出版社，2006.

[10] 索陇宁. 化学实验技术. 北京：高等教育出版社，2006.

[11] 王俊儒，马柏林，李炳奇. 有机化学实验. 北京：高等教育出版社，2007.

[12] 马军营. 有机化学实验. 北京：化学工业出版社，2007.

[13] 刘湘，刘士荣. 有机化学实验. 北京：化学工业出版社，2007.

[14] 龙盛京. 有机化学实验教程. 北京：高等教育出版社，2007.

[15] 赵建庄，符史良. 有机化学实验. 北京：高等教育出版社，2007.

[16] 袁华，尹传奇. 有机化学实验. 北京：化学工业出版社，2008.

[17] 崔玉. 有机化学实验. 北京：科学出版社，2009.

[18] 孙世清，王铁成. 有机化学实验. 北京：化学工业出版社，2010.

[19] 杨定乔. 有机化学实验. 北京：化学工业出版社，2011.